The NESTING place

巢居

打造美好家居生活不必苛求完美

〔美〕麦奎琳·史密斯 著

王敬群　吴桂金　高行健 译

山東畫報出版社

谨以此书献给你们，

因为家是幸福的希望。

查德，

最善于给人以鼓励；

是希瑟的启发，

让我懂得生活不是非得完美才精彩。

向兰迪斯、凯德蒙和加文致敬：

有你们在的地方就是家。

纪念莫兰德奶奶和梅丽莎·科尔，

你们的家曾是我成长过程中最喜爱的地方。

Love

目录

你在哪里，
哪里就是家。
——艾米丽·迪金森

第一章

从前

花 12 美元买来的断腿的二手椅，铺着自制的沙发套，用了很久仍是家人挚爱之物。这个角落是家里最舒适的地方。

美好的事物总是不能太完美。

——古谚语

生活在无限可能中

小时候，我没有伟大梦想，不曾野心勃勃，也从未祈祷奇迹发生。那时，我就是一个平凡的女孩，期盼着拥有自己的家庭，住在一幢白色的小房子里，在花园里种花养草。

我希望生活平静安定，我想，与其他人对上帝的请求相比，这更容易实现。但是现实生活是怎样的呢?

恰恰相反。

事实上，结婚 18 年，我们搬了 13 次家。其中只有一所房子是白色的，还是我花钱雇人刷的，但在那里只住了 6 个月，我们就不得不再次搬家。

这些年来，我们经历了两次生意失败，背上巨额债务，承受着信用危机带来的种种尴尬。每次搬进新居，我都会种上牡丹或绣球花，可未等花儿绽放，我们就又搬家了。我们没有温暖的白色小房子安居，其实，我们也从未真正安居过。

我觉得为生活所迫频繁搬家对自己实在是不公平，可是也没什么可抱怨的，孩子们健康，丈夫乐于助人，没必要总为房子苦恼不堪。

或许你也经历过那样的生活。

最终，我认识到，或许生活中那些我不喜欢的部分就是故事不可或缺的一部分，而这故事将以我喜欢的方式结束，即便未如我当年想象的那样。

13 次搬家并非一无是处，我从中取得了宝贵的经验教训，而我差点将其错过。有段时间，我几乎放弃了对房子的追求，误信谎言，以为只有那些境遇顺利的人才会住上让自己满意的房子。

作为租客，我觉得自己就像设计世界中的福音未及之人。

多年来，我一直想要一个布谷鸟钟。终于有一天，朋友从庭院集市花 10 美元购得一个，送给我做礼物。这个钟现在挂在我家的门廊里。

写满我们曾住过的街区名称的帆布

“有一天”就是现在

你是否曾经放弃过拥有自己喜欢的家的想法？你是否认为下一个房子才是你的真爱？你是否曾放弃装饰房间，因为你想等有一天有钱或者有时间的时候再做这项工作？但是你内心是否渴望创造一个美丽的家，并非仅仅是为了对美的追求？

我感受得到女性心中的这份躁动不安，我的女邻居、女性朋友，当然最重要的是我自己，都是如此。我们内心渴望的远非只是下一次 DIY 的狂热或者是装饰完美的空间，我们想要的是自己真正喜欢、欣赏且可以充分为己所用的家。我们不想在自己讨厌的东西上修修补补，不管其有多么可爱，价格多么低廉。可是我们不知从何开始入手。嘿，我们可都是有智慧的女人，而且我们也希望家里收支平衡。没错，我们渴望享受美丽，喜欢可爱的房间，但我们不愿因此而造成家庭经济负担，或者改变家中的优先处理事项。

创造美丽家园是一段旅程，而不是目的地。

左页图：窝在床上写这本书时，我偶尔起身，发现了日常生活中的点滴美丽。原来，粉红吸管、蓝色擦亮布、耳机也可以那么美丽。

这就是为什么本书谈的不是房屋装修，而是关于如何把你目前住的房子打造成一个你眷恋的、美丽而又有意义的家。书中有一些实用小窍门，但更重要的是，本书提出了一种装饰理念。我发现这一理念可以使自己的思想得到解放，它指导着我所做的每一个与家庭装修有关的决定。

你相信吗？就在此时此刻爱上你现在所住的房子并非不可能。

我承认，我犯过各种家装错误，而且还远不止于此。我曾把成桶的打折油漆都洒在出租屋的地板上，曾把成罐的昂贵涂料洒在可爱的架子上，曾将超大号的镜子打破，也曾为一块我量了一次裁了两次的布料惋惜过。我曾在两年内把一个房间刷成过五种不同的颜色，在墙上留下太多的钉子眼，买错过沙发套的尺寸，买过尺寸过小的枝形吊灯，退过地毯、台灯和枕头。我尝试过，也毁坏过，但我挺过来了。你瞧，正是这些尝试让我的房子变得更美好。

在我住过的 13 栋房子里，我犯过各种错误，而正是这些错误给了我最好的教训。如果我从未做出尝试，可能我的房子看起来还会像 18 年前一样，而我也依然会对二手的花格沙发厌恶不已。

写给租客、旅客和现代流浪者

不情愿的租客

作为租客，我觉得自己就像设计世界中福音未及之人。我们这类人并不在少数，现在有三分之一的美国人租房子住。当然了，在纽约，有很多的单身男女虽租住在裸露着砖墙的小公寓里，依然会迸发出各种灵感。可是住在郊区的母亲们会怎样呢？那些像我一样租住在美国屋主协会周边富人区的人会怎样呢？他们不得不整日努力与那种二等公民的感受作斗争。那些军人家庭、传教士或牧师家庭会怎样呢？他们住的地方有时被称为“教堂边上的破旧小屋”。

偶尔，我会有这样的感觉：租房住是我的一个不可告人的小秘密，而我好像只是在焦急地等待着我们的下一个房子，以便能够把它安排得既漂亮又舒适。可现在我不再这么想了。在过去18年的婚姻中，我们租过10种不同的房子，现在我已经习以为常，满足于租房住了。

租友们在这本书中可以找到一些专门为你们所设的章节、小窍门和建议。而这本书中所用照片，都是我在写这本书时在我深爱的、租住的房子里拍摄的。

更高目标

2010年9月，我收到朋友狄寄来的礼物：写满我们所住过的街区名称（使用红色字体）的一块帆布。

我打开帆布，不禁放声大哭。哭得奇丑：颤抖着，流着鼻涕，双眼红肿。见此情景，我的丈夫有点害怕，而且颇为疑惑不解。他告诉我，如果帆布让我伤心，还是不要打开了。伤心？什么？这种表情在他看来是伤心？这明明是高兴！看到所有街名汇集到一起，我想起一路走来发生的点点滴滴。每一次悲伤、幸福、离奇的搬家经历交织在一起化成故事，而我在这里看到了故事的主题。我们不断地搬迁，不断地陷入债务，住在不是我期望的白色房子里，我会心生不满，又会因不满足而深感愧疚。想拥有自己的房子却只能租房住，尽管如此，我依然从中得到了我一直追寻的东西：家。

时至今日，我可以住在租来的房子里，欣然接受现在的居住环境，说自己很满足。因为我坚信，尽管这可能不是我愿意选择的房子，但既然上帝为我选择了它，它就是我的家。

虽然没有白色的小屋，我只能住在可分隔的大房子里，但是这里有我爱的人；虽然没有花园，但我仍种着花花草

草；虽然没有多余的时间和钱装饰房间，但我敢于冒险，尝试新鲜事物，并且乐在其中。

我喜欢在网上和朋友们分享住在出租屋里的感受，现在又通过这本书和你分享。我展示我的房子，并不是因为它已装修完毕，非常漂亮。这就像穿着比基尼去游泳池，并不是因为我穿着它看起来身材有多棒，而是因为我终于接受自己看起来不完美。同样的道理，我分享关于我家的图片，不是因为它完美无瑕，而是因为我已经完全接受了它的不完美。

我能够接受房子、生活和身体不完美的现实，因为我相信我们还有更高的目标。我相信上帝对他所做的事胸有成竹，我无须感到恐慌，也无须煞费苦心弄懂其意。我已经放弃了对控制居住环境所做的努力，并下定决心，不管在哪里居住，都要将其打造成自己的家。现在一切已经与以前大不相同！

第二章

十三个家和精打细算

照片墙上挂满了价格便宜、手工制作的二手艺术挂件。下面是用了六年的带沙发套的沙发和两把从旧货市场淘来的椅子。

所谓专家，就是在一个专业领域里
犯过所有可能犯的错误的人。

——尼尔斯·玻尔

从垃圾房到豪宅，以及中间居住过的各种房屋

我是创造美丽家园方面的专家，并不是因为我在为期一年的社区大学设计班学习期间受到了良好的培训。我是专家，是因为迄今为止我在自己住过的13栋房子里实践过，从每一个家里我都吸取了经验教训，特别是那些我讨厌的并浪费很多时间抱怨过的房子。我是专家，是因为我最终爱上了我们的家，并且发自内心地觉得它美。但是要做到这一点实非易事。

房子1和房子2：单身联排公寓和有粉色地毯的房子

1995年，我和丈夫查德新婚不久，我一生的梦想即将变成现实，我们要买下属于自己的第一栋房子。这将是我们在一起后的第二套房子。刚结婚时，查德住的单身联排公寓外形丑陋、令人生厌，我讨厌那房子，渴望买栋属于自己的房子，这样就可以把它布置得漂漂亮亮。为了让我高兴，查德拿出他做实习牧师的全部薪水，买下了我们能负担得起的最好的房子：一座价值6万美元的牧场风格的房子，房子里铺着粉色的地毯，富美家（Formica，该公司成立于1913年，所制造的产品具备耐火、防潮、耐高温的特性，适用于工作台、柜门及其他表面处理。——译者注）胶木台面也是粉色的，耀目夸张。

这没什么可担心的。我明白，人们有时不得不将房子里的某些东西忽略掉，对吧？重点是房子里有壁炉，谁还会关心地毯的颜色呢？

搬进铺着粉色地毯、有壁炉的房子不到一年，查德改变主意，决定要成为

一名教师。为此，他需要拿到研究生学历。我们在母校哥伦比亚国际大学找到一个为期一年的学习项目。搬出刚买的房子时我们击掌相庆，并在院子里留了“吉房出租”的牌子。我父母曾经买卖过房屋，所以我很有信心，一两个月之内我们的房子就会卖出去，这不是什么大事。尽管我们在那里居住的时日尚短，还没来得及更换粉色地毯和胶木台面。

这没什么可担心的。我明白，人们有时不得不将房子里的某些东西忽略掉，对吧？

房子 3：改造过的两车位车库

从佛罗里达州搬到南卡罗琳娜州时，我们正值二十多岁的年纪。自然，那时我们没有钱，晚餐吃的是商店自营品牌的鱼条，用学生贷款交学费。

你明白我的意思了吗？我们拿出学生贷款，这样查德就可以成为教师了。让我说得再明白点：我们之所以贷款，是为了能找到一份教书的工作，可如此一来，能拿到的钱还不如没工作之前多。这可真是个“万无一失”的计划。

查德要在校学习一年，而我们在另外一个州的房子正在待售中，所以我们需要租个房子。我的租房标准如下：最便宜的房子，只要有房顶和卫生间即可。能找到那种我们能付得起的地方吗？找到我就租。最后，我们以每月 280 美元租下了一个改造过的两车位的车库。

随着求学时光的推移，很显然，我们已经入不敷出。佛罗里达州的房子一直没卖出去，租房款也没能按时交付。当春天来临时，我们收到了催款警告信。紧接着，我又发现自己怀孕了。

3

这所房子太小，我们只好拆掉四柱床的四根柱子。

4

这所房子太大，里面的好多房间都空空荡荡的。我想，上帝就是拿这所房子炫耀，让我们知道他可以为我们提供他想为我们提供的一切。

5

这所房子是我们第一个孩子的出生地。房子很迷人，但后来却坍塌了。

5

这个是母亲帮我里外外刷了一遍的厨连工作台都刷了。房定高兴坏了。

夏末，查德结束了学业，开始寻找教书的工作。我的预产期在 11 月份。他得到的第一批工作机会中，有一份教书工作，年薪 1.8 万美元，没有保险。现实突然摆在我们面前：待售的房子、马上出生的孩子和新的助学贷款，一切

6

生第二个孩子租住的公寓。

7

我们买的第二套房子。三儿子的出生地。

9

不完美的梦想之家（装修前的样子）。

9

不完美的梦想之家（装修后的样子）。我曾以为我会永远住在那儿，结果我错了。

都让人猝不及防。

房子 4：有两百年历史的南方豪宅

我们接受了查德能够得到的薪水最高的教职（包括保险！），然后搬到了乔治亚州的梅肯市。学校给我们介绍了一个房产中介。在得知我们每月只有 500 美元的租房预算后，中介充分发挥了自主能动性，联系上了一家之前她一直在努力出售却没能卖出去的房子的房主。房子有 418 平方米，是《乱世佳人》电影里那种风格的房子：两层高耸的圆柱，配套的还有美式大厨房。房主出于对我们这对小夫妻的同情，把待售的房子以每月 500 美元租给我们，同时这些钱也足够支付房主的一些支出。

这所房子在美国国家史迹名录中被称为希腊复兴建筑的兰道夫－惠特尔房，富有历史意义。那时，我们刚从 23 平方米的车库中搬出来，就这么搬进一座有着悠久历史的大房子，我整个人都感觉有点头晕目眩。搬进来几个月，忍受了几次前来看房的几拨人群之后，不可思议的事情发生了：我们租住的这套房子卖出去了。房产经纪人向我们表示感谢，说我们住在这里，让很多小夫妻能够很形象地想象未来他们住在这里的生活情景（尽管里面有很多房间还是空的）。

我还记得当时我觉得世事无常，租住这对夫妇的这套老房子，结果竟然帮助他们把房子卖出去了，而我们在佛罗里达州的房子却一直待售，找不到买主。我的大脑急速运转，开始搜索售房信息。

11

不是我所喜欢的风格的大出租房。我们在那里生活了一年。

12

这个出租房是法拍屋。这是我能忍受的极限。我受够了。

13

家。因为事实上，你和家人一起居住的地方就是家。

房间 5：带有窗棂的街区房子

我们的儿子兰迪斯一个月以后就要出生了，于是仓促之间我们又开始寻找新的居住地。我不想找公寓，我想找的是一座房子。因为我热衷设计，喜欢建筑，偏爱各种房子，自认值得拥有一处真正的房子。于是我们再一次开始了寻找价格最低的房子的过程。

最后，我们找到了一处建于 1911 年的房子，带有近 4 米高的天花板和 5 个壁炉，租金和上次租南方大宅的一样多。身处这样的豪宅里，你可能会忽略这样一个现象：隔壁房子窗户上带窗棂。

我永远不会忘记在那儿的第一天。我把笨重的木门打开，只关着纱门。这时，我看到邮差走上门廊。于是我挺着九个月大的肚子，站在门廊和邮差打招呼。你们知道邮差是什么反应吗？他告诉我，应该把门锁上，因为附近不安全。我这都是做了些什么呀？这才是刚搬进来的第一天，我就开始想赶快搬出去！难道这种生活就是我们的宿命？租来租去，颠沛流离，就等着佛罗里达州的房子卖出去？

我们在这个窗户上带有窗棂的街区住了六个月，刚好一个租期。有一天，有人打破车窗进入我们的车里，而且我还听说隔壁屋的地下室住着一个流浪汉。一涉及流浪汉，你会突然觉得能搬进崭新漂亮、整洁干净、窗户上没有窗棂的公寓也很激动人心。

以上就是我们结婚仅三年，就住了五个地方的全过程。就这样，在短短数月间，我就从自认为公寓配不上自己，到突然改变心意，成为一个仅仅为了不用住在有着五个壁炉的地方而心怀感激之人。

房子 6：我认为不太适合我们的公寓

于是，我们搬进了公寓。我要在家带儿子，我们还要付助学贷款，而我们却没钱。我再重复一下：没钱。没钱到连麦当劳的小份薯条也买不起！我们听过“积蓄”一词，但积蓄对我们来说就是城市神话。我去一元店买最便宜的东西，就此享受为家里又添新物件的感觉。要知道，在一元店里寻找打折商品，这种感觉真是糟透了。

我渴望装饰房间，但是我们实在没钱花在房子上。我能做的就是把四柱大床上的横杆拆下来用作卧室的窗帘杆。我感觉绝望无助，忍不住伤心流泪。

佛罗里达州的房子在房屋销售市场上挂了三年之后，终于卖出去了。虽然三年的大部分时间那房子都有租客，但是房子卖出去后，我们感觉如释重负，实在是好极了。房子卖掉的价格与我们买时的价格相抵，我们不得不卖掉一辆车来支付房屋中介费。你肯定没见过卖车还这么兴奋的。

> 我们听过“积蓄”一词，但积蓄对我们来说就是城市神话。

在公寓生活了一年半后，二儿子凯得蒙要出生了。而我们还是没有计划、没有目标、没有希望离开这间公寓。查德整日忙于学校的工作，而我每天所做的就是照顾孩子，忍受晨吐，想着自己将要在这所公寓里终老。我们有一大笔助学贷款、一小笔汽车尾款和零星的信用卡债务要支付，且信誉度不是太好。

后来我开始制订计划：我想要大房子。我开始开车在城里转悠，研究四周的房子。我喋喋不休地对查德说，要买房子，买房子。可怜的查德。我对生活的不满溢于言表，是那么显而易见。

那时，我们读了戴夫·拉姆齐的《平稳理财》（*Financial Peace*）一书，并在一年之内还清了信用卡债务。买了卖不出去的房子让我们吃一堑长一智。

到准备再搬家的时候，我们已经有了指导原则。我要找的房子，必须是随时可以出手的好房子。我要找的房子，必须是只需经过粉刷等表面改变就能搞定，仅需简单收拾就能焕然一新的房子。房子的地段是第一位的。很快，我就把搜房的范围缩小到了一个具体街区。或许，我根本就不用在公寓里终老一生了。

房子 7：黄色的房子

最后，我们买下了一座可爱的黄色的房子，面积有 120 平方米。购房的时机恰到好处，那时，小查德已出生，睡在公寓的摇篮里。我们花了 7.8 万美元买下这套黄色的小农舍。厨房很小，里面放着洗衣机和烘干机，没有洗碗机，我并没有为此感到苦恼。相反，我能感受到这座房子的构架还是不错的。

那时候，我明白最好立即着手整修房子。我知道，有时候会有意想不到的事发生，而我就要搬出去。我不知道我们能在这里住多久，但是，这次我已经做好了充分准备，我要把房子装修得漂漂亮亮的，一方面是为自己，另一方面也是为了随时准备出售。

有过一套房在房屋销售市场挂了三年的经历，你就会在有限的能力范围内尽最大的可能避免下一套房子赔钱。我曾考虑把房屋装饰作为职业，因为这不仅是我的兴趣所在，我们还可以从中获利，而且一旦房子需要出售，这项工作还能给我们很大的帮助。

夏季，查德做了点额外的工作，这样我

就能四处凑钱把我们的房子装饰一下。我带着近乎疯狂的狂热，粉刷了家里的墙壁和木制品。我学习了有关植物栽培的知识，把我家的前院变成了这个街区最美丽的前院。我在房子四周装起尖桩栅栏，再将其漆成白色，使我们的房子看起来接近我一直向往的“美国梦”式的房子。我竭尽全力，试图把我们现有的房子变成简单但魅力无限的家。

同时，三儿子加文即将出生。（就在搬家之前，我才知道自己又怀孕了，那时小查德 3 个月大。）搬进黄色房子的头几个月，我不是生病就是照顾三个孩子，家务繁重。虽没有洗碗机这样的奢侈物品，但我依然深爱着我所做的一切。

我认识到，把房子改造成“家”，为我们的家庭带来的好处不止一处。

在这座黄色的小房子里，我逐渐感受到，通过房间装饰，我也对家庭作出了贡献。看到自己喜欢做的一切不管是在房子居住期间还是出售时都是有价值的，我喜欢这种感觉。

我一直在说“我”，并不是因为我丈夫只知道躺在沙发上，薯条放在肚子上睡觉。他一直忙于工作和补习，所以未能体会创造美好家园带来的欢乐和回馈。我不会为此烦恼。房子里要做的事够我忙几年的，因此，我只专注做自己能做的事情。

18 个月之后，查德开始自己做点小生意，我们决定搬到北卡罗来纳州，离他父母家和我妹妹家近一些。

这次我把“业主出售”的标志放在院子里。在房子出售方面，查德让我自己拿主意，决定广告的最佳方案和要价的标准等。我的决定最后证实是最好的，这增加了我在房屋买卖方面的技巧。不到一个星期，我们就接到了现金收购要约，比一年半以前的买价高 2 万美元。我们既惊讶又兴奋。

对我而言，这是一个转折点。房子卖了三年的经历是我曾经受到的最好的教训。我认识到，把房子改造成“家”，为我们的家庭带来的好处不止一处。

房子 8：值得损失保证金的出租房

每搬家到一座新城市，我们总是先租一年房子，然后再考虑买房。这样一来，我们就能够了解城市的哪一区域最适合我们。这是经历了佛罗里达州的房子买卖后，我们吸取的一个教训。在我们搬到北卡罗来纳州格林斯伯格的前几个星期，租房选择范围缩小到两处：一处是每月租金 1200 美元的农场，带有木栅栏，略显破旧；另一处则要新得多，也更适合居住，每月租金 1300 美元。价格始终是我们关注的焦点，因此，我想为了每月省下 100 美元，还是住进围着乌黑木栅栏的房子更明智。

盯着那吞噬灵魂、乌黑的木栅栏看了两个月以后，我再也忍受不下去了，动手粉刷了栅栏和砖砌壁炉。因为改变了房子的原貌，租期满的时候，租赁公司扣下了我们 1200 美元的抵押金。

实事求是地说，我们离开这栋房子时，房子变得很好看。我明白，如果当初我提出粉刷的要求，他们肯定会拒绝，而如果我不征求他们的意见直接自己动手粉刷，他们很可能会扣我们的押金。做这道数学题并不难，当初如果我选择那座一切齐备、漂亮的新住宅，我就不会非要粉刷房子，这样一来，一年的租金和我现在花的钱一样。但是当初我并不知道，住在围着乌黑木栅栏的房子里会让我如此烦恼。这在视觉上和情感上，甚至在精神上，都让人十分沮丧。回头想一想，虽然花了 1200 美元，但能对自己有更深入的了解，还是值得的。

房子 9：不完美的梦想之家

搬到北卡罗来纳州之后一年，我们买了一处 214 平方米的漂亮的梦想之家。我们终于住上了梦寐以求的房子！房子前院景色如画，十分美丽；后院平整，树木如荫。室内还有洗碗机和两个半浴室，重要的是，没有乌黑的木栅栏！

我想象着，要花上几年的时间对房子作一些调整和粉刷，想象着在这个家里更换家具和种植花草的乐趣。我们的孩子分别是两岁、三岁和六岁。我们终于安定下来了！正是我一直梦寐以求的，家里一定要刷上漂亮的白漆，院子里种上西红柿。

这房子成了我的游乐场。查德给我完全的自由，让我决定房子如何装修，并从错误中吸取经验教训。房子每天都有新变化，越来越漂亮。

原以为我们的处境不会因为住在这所房子里就会变好，但是，事实并非如此。我妹妹妹夫和他们的双胞胎女儿也搬到了附近，我们两家只隔着 14 栋房子。这种生活，才是真正的生活！

同时，查德获得了特许经营权。对我而言，我们变成有钱人了。事实上，我们仍是普通家庭，但与过去相比，我们能够付得起债务，必要时买得起轮胎了，我再也不用担心在杂货店的花费了。这对于结婚 8 年的我来说，已经是奢侈的生活了。这意味着，我终于有能力创造自己想要的家了！我可以参加妇女俱乐部了，俱乐部的女士们热爱自己的家，也有足够的财力把她们的家装饰得漂漂亮亮。

这房子成了我的游乐场。查德给我完全的自由，让我决定房子如何装修，并从错误中吸取经验教训。房子每天都有新变化，越来越漂亮。

四年之后，我那有远见的丈夫准备做点改变。他要卖掉特许经营权，这个想法让我很害怕。我享受不用担心在杂货店的花费的生活。我爱现在的生活。我想完成房子的装修。我还有很多的事要做！我不想再为家庭生活费用精打细算，绝不！

但不管怎样，那年冬天查德还是卖掉了特许经营权。他赚得了丰厚的利润，并在一家刚起步的公司谋得职位。查德鼓励我下功夫改造房子的外观。这是个好主意，于是我粉刷了外墙，修建了铜质房顶的新门廊，还配上了两扇农舍风格的木制门。

夏天的时候，房子迎来了荣耀的高峰。每天都有车辆减速驶过，专为欣赏它的美丽。我保证没有夸大其词，有位邻居对我家房子印象特别好，甚至打算让我为她们家做设计。正是从她那里，我得到了第一份设计工作。

不幸的是，就在我忙于实现自己的梦想，打算把家打造得更加漂亮的时候，查德所在的公司却濒临破产。我们需要一个 B 计划，马上。

我们需要卖掉这栋房子。作出这样的决定实在是令人非常痛苦。我一会儿痛哭失声，一会儿勉强振作，沉浸在两种情绪中不能自已，这对我来说确实是太大的挑战和打击。我尽力说服自己，希望很快在下一个地方开始设计装饰的工作。为了卖房，我上了 90 分钟的售房技巧课程，并在地方杂志《房主售房》上买了最贵的版面刊登广告，不到三个星期就有人要买了。

2006 年 10 月 31 日，我们搬离了那座不完美的梦想之家。我真切地感受到事情好转之前所呈现的最坏的一面。

房子 10：免费的两居室公寓

奇迹在此时发生了。我妹妹的公公听说了我们的遭遇，而他当时恰巧有个两居室的公寓空着，于是他就慷慨地让我们一家免费搬进去住。这种安排好得

艺术家琳赛·榭尔邦迪手绘的油画（及本书的英文标题设计），旁边是用陶瓷靴子伞架改造成的花瓶和从二手商店花 5 美元淘来的镇纸。

简直是令人难以置信。免房租啊，你能相信吗？我们在那里度过了 6 个月的艰难时日。这段时间是我人生中最糟糕的日子，是最可怕的日子，同时也是最好的日子，是改变生活的日子。稍后章节中我会详述，因为在这段艰难时日里发生了很多美好的事情。

这段日子也促使我丈夫幡然醒悟，他决定买回最初做得很成功的特许经营权。但是我们不得不另寻他处，搬到还没有其他特许经营者的城市。

房子 11：并非我喜欢风格的大出租房

2007 年 5 月，我们搬到了夏洛特，还身负 15 万美元的债务。这些债务包括购买特许经营权花的钱、买特许经营权用的卡车和我的汽车花费、生意上的欠债、律师费、税款、信用卡、要支付的助学贷款、家庭贷款和医疗费用。我不知道自己是否为这些债务里没有度假的花费而庆幸，还是我私下里特别希望我们能过个愉快的假期，但是我能保证的是，我们不是为买家具才欠下的债务。

就是在那段时间，我开通了自己的博客。开通博客的主要原因是为了在“先锋女人”（The Pioneer Woman）博客上留言，实现和自己的博客链接的目的，而不会有自己就像个匿名的 80 岁杀手

悄悄潜水上网的感觉。（当时互联网上充斥着恐怖分子和绑架者。）

房子 12：丧失抵押赎回权的出租房

一年后，租赁期满，我们也找到了喜欢居住的城区。我们搬到了一个位于小社区、价格相对便宜的出租房。我们仍然有 6 位数的债务，但是也获得了巨额利润，看到债务数字不断缩小，这个感觉特别好。我们的信用（再一次）陷入危机，我们不得不（再一次）租房子住，但不同的是，这次我们有了人生计划，而且这计划看起来进行得还不错。

由于查德过去对同样的特许经营非常成功，我们对生活充满了信心。查德经营的是家庭轿车行业。我们住在一起，不离不弃，房租便宜，还靠近教堂。在这里，我们将最终还清债务，还能再继续住一段时间。哈哈！现在我感觉终于可以安定下来了！那是 2008 年的夏天。

说到 2008 年夏天，比我精明的人都把这段时间称为全球金融危机时期。经济学家宣称，这是大萧条之后最大的金融危机。我所知道的是，2008 年秋天情况开始发生变化，我丈夫所经营的汽车行业衰落了，而之前我们以为它会永远蓬勃发展下去。但能有个工作职位就已经令我们心怀感激，毕竟那么多的人都丢了工作。但是我们原来打算以光速偿还债务的计划，现在变得比乌龟爬还慢。只要能够按时缴纳房租，我们就很开心了。

在这可爱的小出租房里住了 9 个月之后，突然有警长登门造访。她递给我一堆文件，上面有房主的签名，还印着加粗的字体“止赎”。虽然每月按时缴纳房租让我们心力交瘁，但是我们从未漏交一次，甚至从未晚交过。可就在那个早春，我们被告知，正在租住的房子将于两个月后被拍卖。

我愤怒极了。不是对房主而是对上帝。怎么能这样呢？他知不知道过去的三年里我们每年都要搬家？他知不知道我的孩子需要安定的生活？他知不知道我们的信用被毁了，我们需要偿还债务，搬了那么多次家，我都已经记不清楚邮政编码了！我讨厌搬家，我已经筋疲力尽！上帝啊，你创造我时满怀爱心，让我有家，让我创造美丽的家园，可是现在，我们能做的就是搬进搬出。我不想搬家了，不，我受够了！

房子 13：因我们的存在才称之为家的地方

这次又如以往，我认为不幸的事结果转变成可能发生的最好的事情，我非常感激。没过多久我就意识到这一点。在一个朋友的帮助下，我们找到了出租房，几个星期后搬了进去。

在这里一住四年，我爱上了我们租来的家，我非常非常满足。我欣然接受了这样的事实：我们住在这里，这将是我们的孩子童年记忆中的一栋房子，是他们的家，是他们当前的家！

不会有某种魔法信号，让我们等待奇迹的发生。所以，我不再犹豫，在墙上挂上美丽的装饰，让每个房间都更有家的气息。因为我们谁也不知道什么时候又要搬家。真的没有人会知道。

我已经知道，不会有人给我特别的许可，让我把我们住的地方变成自己的家。不会有某种魔法信号，让我们等待奇迹的发生。所以，我不再犹豫，在墙上挂上美丽的装饰，让每个房间都更有家的气息。因为我们谁也不知道什么时候又要搬家，真的没有人会知道。现在，就在我们住过的第 13 栋房子里，我已经认识到，我们一家人住在哪儿，哪儿就是我们的家。我不想浪费时间等待，等着买了自己的房子之后再把它改造成美丽的家。我等不起。我不能等到我们的生活全部完美安排就绪之后，才开始享受生活。

于是，在这里，坐在租来的房子里的沙发上，我写着关于创造家园的书。过去我总是认为，租房住让我没有资格谈论家。现在我知道，租房的经历让我更有发言权。

我不再像以往，住在出租房里年复一年地空许愿望，抱怨着不完美的居住条件，现在，我希望能够简简单单地欣然接受现状，并把它变得更好。为了我自己，为了家庭，为了当下！

我知道我并不孤独。

我在网络上找到了一个女性社区，这里有很多像我一样没能住进她们梦想之家的女人，这让我感到莫大的安慰。最终，我醒悟过来，几乎没有谁住着梦想中的房子。我也没见过任何人的生活是完全按照他们所预期的计划那样进行。根据所得到的信息作出当时最好的选择，然后就开始应对接下来发生的事情，这才是生活的关键所在。虽然每一次的重大决定，我们都向上帝祷告，都听取智者的建议，但是这些祷告和建议不会保证你的生活就如己所愿，会有白色的房子和尖桩栅栏。

或许你搬了太多次家，或许你希望将来再搬家，或许你正在租房住，但希望拥有自己的房子。或许你正按揭抵押贷款的房子里一片狼藉，但你不想也没有能力搬家。或许你喜欢现在住的房子，但是感觉自己的装饰技术配不上自己的房子。或许你正焦急地等待着搬到下一个房子，这样你才能最终开始享受你的居住之地。

梦中的房子不是你想要的答案。

答案是经过伪装的天赐之礼。

第三章

美图的背后

世上花钱最少的洗衣间大改造。我们买了几个架子、一个台面、一桶黑色油漆和一盏灯，总共花了 175 美元。而且，搬家时，台面和灯具都是可以带走的。

比起地板上的刮痕，我更害怕崭新的生活。

——黛博拉·尼德曼

放弃完美

关于完美与目标

没人教过我们完美是美国文化的非官方目标：我们想要成为优等生，想要拥有完美的院子，拥有不盈一握的细腰。我们受到诱惑，相信完美无瑕是我们生活的各个方面唯一可以接受的结果。媒体不断地用那些经过修图、毫无脂肪的大腿和一点皱纹都没有的 50 多岁女演员的图片对我们进行狂轰滥炸。

2004 年，多芬发起“全球真美活动”，帮助女性拓宽对美的定义。他们做了一个名为“美的进化”的视频，记录了超模面部非正常调整的快动作。模特在经过专业人士的化妆、头发护理和灯光处理后进行拍照，拍出来的照片美极了。但等等，这还不够，还要对照片进行润色修饰。从屏幕上我们看到，借助数字技术，模特的嘴唇被填满，脖子被拉长（看到这一部分，女性观众会突然坐直，尽可能地挺直颈背），模特的肩膀经过修饰，看起来更苗条了。这还不是全部，他们还把她的眼睛修得更大，脸颊修出立体感。视频以几行让人难以忘怀的字结尾：“难怪我们对于美的观念被扭曲了。”

知道甚至连模特照片也是修图软件修出来的，我真不知道是该开心呢，还是该愤怒。无论如何，我感觉受骗了，觉着把自己与模特相比有点太傻了。即使模特本人也并不像修图后的图片呈现得那样完美。

把自己和广告中的女性相比可真是疯了。同样的道理，把自己的家和网络上、杂志里的家庭照片相比也真是疯了。通常，前一秒钟我们还在欣赏漂亮的照片，下一秒钟就开始把我们自己的家和照片相比。结果就是，突然感觉，我们就像住在 20 世纪 70 年代拉斯维加斯马戏团盲人、小丑经营的救济会的房子里。

这些照片的目的是启发灵感，但是精心修饰的图片有时会让我们对自己当前的居住环境感到无望、沮丧，甚至羞愧。为什么我们要把日常生活的家跟杂志上精选的家相比呢？为什么我们看不到两者各自的美呢？如果我们看到一张美丽的照片后，感觉很糟糕，那么肯定是我们赏图的视角有问题。

不是照片的错

我喜欢看有关房屋和家庭装饰的杂志，是这类杂志的忠实粉丝，从年轻时就喜欢看这类杂志。因为我不只是为自己考虑，我一直以来的目标是帮助这个世界变得更美好。因此，我童年的梦想之一就是能够上杂志。你知道，我的这个愿望，是一种无私的愿望，这有点像要治愈天下疾病和维护世界和平那样的意思。

哦，儿时的梦想已成真。《美好家园》（*Better Homes and Gardens*）杂志“DIY 栏目”和“圣诞计划”专刊，以及《别墅与平房》（*Cottages and Bungalows*）杂志都刊登了关于我家的照片，我的办公室也登上了《女性家庭杂志》（*Ladies' Home Journal*）。你看，这可都是正式出版物。看起来这些杂志已经找不到完美的家来拍照了。

看到杂志上的漂亮照片，我们会想到什么呢？“天哪！这也太干净了。我的同样类型的房间，跟这比起来简直就是场灾难。我真是个邋遢的人。你看那房子多漂亮，主人是怎么做到的？我收拾房子的办法肯定不对，我的房间（我现在讨厌的那间房）与它差距也太大了！算了，我放弃。”

虽然我们都知道，在自然状态下，没有哪个真实的家看起来是完美的，但是我们依然把日常生活的家和那些经过润色、美化、精心修饰的照片相比。

当然了，我们不敢拿自己拼车时用手机拍的自拍照跟邻居的婚纱照相比。这是完全不同的两件事。新娘雇了她能负担得起的最好的摄影师，花钱找人化了美妆，穿上一生梦想的婚纱，然后从成打的照片中挑选出最好的一张，之后对它加以润色、调亮、放大，再配以当然也是精心挑选的镜框，使之更好地衬托照片里婚纱上的蕾丝。婚纱照的目的就在于抓拍新娘一生只有一次的这个特殊日子的美好瞬间，没有人会指责她过度炫耀，让我们自惭形秽。看着别人的婚纱照，我们不会因为自己没有盘起漂亮的发髻，没有穿上优雅的高跟鞋漫步而感到羞愧。因为每天都看起来像新娘子，这不是我们的目标。

杂志上登的漂亮的家居照片也是同样的道理。你看到的每一个版面背后，都有睿智的编辑、训练有素的摄影师、精心摆放的配饰、人造光线以及专业团队挑选的最佳拍摄角度。所做的这一切，都是作为礼物，用以激发我们的灵感，而不是为了使我们羞愧。日常生活的凌乱，都藏在了壁柜中或者角落里，而不在镜头之内。那些多余的小道具都堆放在地板上，等编辑、摄影师和艺术指导完工后，每个人都要再花几分钟，将原来的家回归原样，因为杂志摄影本身就是一件凌乱不堪的事。

《女性家庭杂志》对我办公室照片的拍摄工作一结束，我就把书桌上摆造型的圆托盘拿走了，为的是给一堆杂物腾地方，因为这样我才能放松，才能在这儿工作。如果我的办公室总是纤尘不染，那才是悲剧呢。这种悲剧，就像假如我们认为我们必须梳着完美的花苞头，穿着婚纱和让脚生疼的高跟鞋过完一生一样的不幸。

作为读者和消费者，对于如何使用这些照片是我们自己的选择。如果看到这些美图感到羞愧，那是你的选择。但是这样一来，我们就感受不到这些照片带给我们的灵感。

对待DIY之家和工艺博客，也是同样的道理。这些博客都是由一些有天赋的女性写的，充满激动人心的理念，那就是人人都能做。DIY博客激励着我，让我可以在自己家里创

拍照前 我的办公室：干净整洁以供拍照。

拍照后 我的办公室：它平时的样子。

照片墙上挂满了木制的、黑的白的看起来棒棒的装饰品，但是让整个房间看起来温馨适意的是沙发上的狗狗。

造更多的美，而我也乐于为之，因为自己通过写博客也为 DIY 网络社区作出自己的贡献。

唯一的问题是你没法DIY你自己，从而使你爱上自己的家。再多油漆漆过的家具和蜡染的枕头，都不能让你满足于现在所拥有的一切。创造一个美丽的项目，可能会给你带来暂时的满足，但是，除非你能透过正确的镜头审视你的家，否则的话，很快你就会想，为什么仍为自己的空间而苦恼呢？

凡劳苦担重担的人，可以到我这里来，我就使你们得安息。

——马太福音 11 章 28 节

身为女人，我们坚信真正的美丽蕴含在不完美之中。我们强烈要求降低自己的标准。

告诉你自己：要求已被批准。

请认真思考以下问题：

- 逛 Anthropologie（美国一个休闲风格的高端品牌——译者注）服装、家具店或是 Pottery Barn（美国知名家居用品制造和销售商——译者注）家具连锁店时，你是否两眼充满渴望地看着那些枕头和桌上的摆件，不断小心触摸着展品，最后却不胜困窘地离开，两手空空？
- 逛跳蚤市场时，看到那么多只此一件的好东西，你是否犹豫再三，下不了决心，最后却不知为何就买了众人都有的东西，然后自己又琢磨不透为什么不喜欢自己的家？
- 家里摆着一摞摞的最新的设计书籍和家装杂志，你是否仍然不知从哪里入手？
- 你是否担心自己装修的方式不对？担心别人会看出你也搞不懂自己在做些什么？
- 或许你刚刚步入婚姻的殿堂，有大把的时间却没有闲钱；或许你是空巢老人，有大把的金钱却没有时间。不管如何，你是否准备好并愿意投入你有限的资金却又害怕资金被浪费？
- 你是否正努力走出犹豫不决和缺乏动力的困境（我的意思是：你是否把涂料样品刷在墙上超过一个月，却还没有开始动手粉刷墙壁）？

这些情况我几乎都经历过。但创造一个美丽的家未必就是那么难。这只是装修，不是口腔保健卫生。装修自己的家，应该充满乐趣呀！（在此，我向所有的牙科医生道歉，我相信你们肯定也认为自己的工作充满乐趣。）

如果在杂志上的样板房和疏于装饰的房间之间有个中间地带，你会怎样呢？如果你能创造出一个既漂亮宜人又能满足家庭需要的家，你又会怎样呢？如果你非常关注时尚流行趋势，却又相信使用那些对你来说既美观又实用的装饰没什么不好的，你又会怎样呢？

如果你的房子正耐心地期待着你的欣赏，你又会怎样呢？

行动起来比追求完美更重要

一位朋友曾经告诉我，她和丈夫不喜欢浴室的颜色，但是因为工程巨大，不想重新粉刷。我问她哪个环节最困难，她说："拆掉马桶。"此处插入这样的画面：浴室里传出激烈的纷争，分贝足以打破世界纪录，地球也似乎停止了转动，人们停下手里的活看向我们："什么？你说你要粉刷浴室，真的吗？不是重新翻新？"

"是呀。我父母最近刚粉刷了浴室，他们就拆掉了马桶。不然的话，被马桶挡住的墙怎么刷呢？"

这就是追求完美对我们的影响。因为要把某件事做到完美，必然会涉及太多的活儿，于是我们就一再推迟去做那些本来非常有趣的事儿。这样一来，因为我们不愿忍受人们永远看不到的马桶后面的那点墙没有粉刷带来的不完美，我们放弃了粉刷整个墙面，不得不忍受着整个我们不喜欢的空间。

我举这个例子，是因为我们大部分人都经历过这种情况。我们中大部分人会认为，没必要把马桶后边的每一寸墙面都粉刷一新。如果一般小油漆刷都够不到，那恐怕我们的眼睛也看不到。我们不能倒洗澡水把孩子也倒掉了，或者这里应该说是冲厕水。

谈到完美，有两个选择：

1. 努力获得。

2. 放弃尝试。

很多人试过第一种。我们（或我们可怜的丈夫们）累到精疲力竭，就为了实现一个不切实际的目标。我们要么失败，要么仍在为了追求完美而浪费宝贵的时间——过度购买、过度消费，过度装修、过度焦虑。我们的壁橱里储藏着漂亮有序的家居用品储藏包。我们在家里不断地进行着一个又一个的 DIY 实验，结果却发现，只要环顾四周，就会仍然感到不满意。

另一些人干脆放弃。有时放弃尝试，就好比由于你过于担心作出错误的决定而干脆使用并不适合你的二手家具一样。因担心墙上出现多余的钉子眼，你把很多的漂亮照片都放在沙发后面。你用着前室友留下的丑陋毛巾，只因为再买一条也是了不起的大决定。你放弃了自己的梦想，放弃了拥有一个自己

真心热爱的家的想法。

有时，放弃就好比有一个空空如也的家。因为不知道该为家人买什么，为家居添什么，所以干脆什么也不买。

温斯顿・丘吉尔（英国杰出的政治家、军事家、演说家与作家，在1940—1945年担任英国首相——译者注）说："'完美至上'这句格言实在苍白无力。"就沙发问题作出一个完美的决定实在太难了。让我告诉你原因吧：关于完美沙发的完美决定根本就不存在。

拼命工作也好，就此放弃也好，两种倾向都源自一个主要问题：我们让完美的神话胁迫了我们的思想。我们追求完美，过去和今日我们一直痴迷完美。

放弃完美

假使不放弃完美的想法，只是放弃对完美的苛求，会怎样呢？开始吧，挑一个极为舒适的沙发，心里明白在未来的5年里沙发会沾上污渍，看起来不再崭新。降低期望值，认识到只要我们穿着衣服四处走动，洗衣房就永远不会关门。如果我们整日生活在家里，家里就会有零乱之处。那么，为什么这会让我们感到惊讶，心存愧疚呢？只要我们吃饭、行走，需要坐下休息，厨房水槽里就会有脏盘子，客厅就不会永远井井有条。

我认识到，把住的房子变成真正意义上的家，会让家庭多方受益。

放弃完美是开始创造爱家生活的第一步。追求完美只能让你畏步不前。放弃追求完美的家，也是放松身心的一种形式。在《选择轻松》（*Choosing Rest*）一书中，莎莉・布理德洛夫写道："当前时刻的不完美让我们感到轻松，因为我们可以从其中发现美的地方，而且我们相信未来需要的都会在适当的时机得到。"

允许家中、生活中的事情在某些方面不完整、不完美、没有结果，是信任的一种形式。

我们常常陷入以下的思维方式：

- 我想喜欢我的房子，因此我要改造它，直到我喜欢为止。
- 我想喜欢我的身体，因此我要改造它，直到我喜欢为止。
- 我想喜欢我的人生，因此我要改造它，直到我喜欢为止。

不要专注于这种思维方式，想一想，假如改变一下你的喜好，会怎么样呢？

关注已存在的美，忽略那些不完美和不完整。

是的，我们有能力改变生活，而现实是，我们总是埋头苦干，却发现拥有豪宅、财富或者动人的身材，并没有想象中那么好。

要让房子整洁、不凌乱也是同样的道理。你可以学习各种技巧，把家里收拾得整洁有序。或者你也可以接受家的不完美，享受每一个季节家庭生活带来的不同风格的、凌乱的美。

但真正的秘密是，如果你选择了两者呢？如果你不再埋头执着于那些让你和你的家庭受挫败的事，而是开始重视那些已经存在的事呢？如果创造一个美丽的家更多的是与态度有关，而不是物品呢？如果你已经拥有了建设你梦寐以求的家所需的一切呢？

未必事事完美才能有称心的家。我们中大多数人只是需要学会看到蕴含在不完美中的美。因为生活本来就是华丽丽的凌乱。当我们明白再怎么努力也不能创造我们向往的完美生活时，我们可以在不是那么完满的境况中找到轻松。当我们认识到我们无法用额外的勤奋工作得到这些时，才会真正感到轻松。只有在放弃的时候，我们才能真正感受到轻松。

第四章

生活迹象

别把灵魂从家里清走。

——玛丽·伦道夫·卡特

杂乱、错误的礼物，以及其他美丽的缺憾

真希望在刚结婚的那些日子里，我能允许自己降低对房子的高标准，那时候我整天想的就是我们的房子还缺些什么。因为虽然听起来讽刺，事实却是放弃完美并不是失败，而是一件礼物。

不完美带给我们自由

9年前，我们付现金购买了做工精良、超级舒服的沙发。我喜欢那沙发。但是就在几年前，我发现沙发边缘磨损严重，沙发布沾上了污渍而且开始褪色。真不应该取笑那些以老奶奶的方法用沙发套把沙发包起来的人。我打赌她们的沙发扶手看起来还是洁净如新。当我想到我们是那么喜欢这沙发，想到我们没钱买新沙发时，我居然泫然欲泣。在纠结的内心深处，我责问自己，为什么那么愚蠢，使用沙发时怎么那么不小心呢?

不过，不那么完美的沙发也自有它的好处。我可以随意邀请朋友，朋友也可以放心地带着蹒跚学步的小孩来家里做客，即便孩子在沙发上吃快化了的巧克力饼干，化掉的巧克力屑掉到沙发上，朋友也不会因此惊恐着急。现在，我的儿子们谁要是感觉不舒服，担心意粉弄脏家具，我就在沙发上铺上毛巾被，让他在那休息，丝毫不用担心会弄脏什么。丈夫可以扑通一声坐到他喜欢的位置上，就算他拿过油乎乎爆米花的手偶尔放在宝贝沙发的扶手上，我也不会用不满的眼神杀死他。

事实上，我感觉用了5年依然保持完美原样的沙发真不如用了5年、快散架、快废了的沙发。我想不仅沙发会因为完成历史使命而感到兴奋，而且因为它的不完美，我们在使用它时也享受了更多的自由。我给沙发套上了白色的沙发罩，

现在我们既能充分享受坐在沙发上的时光，沙发也被保护得很干净。这是两全其美的做法。

根据别人的想法作出决定很容易，但是这样做注重的只是外观的完美，而没有注重人们的真实感受。那是我们真正想要的生活吗？难道就是为了保持外观整洁吗？

家只有被充分利用才是最幸福的。沙发就是用来坐的，椅子就是随时可以拉过来用的，漂亮的物品就是用来展示的。你看过样板间吗？完美得诡异。你能立马看出没人会住在那里。我在样板间总有这样的感觉，好像带着廉价假发、穿着围裙的机器人就站在房间某个角落里。这不是真实的家，因为真实的家里有生活的气息。所以，真正的家应该有生活的痕迹。

不完美的作用

多年前，我有一个朋友，她似乎拥有一切。我的意思是，我们都知道没有人是完美的，可是时不时地总会有人挑战定律。她有着惊人的容貌，真的，她是我朋友中最美的。她丈夫有收入丰厚的稳定工作，两个孩子可爱至极。她的家华丽漂亮，而她好像从未费心为之，好像一切原本就是这样。她本人也是非常善良。天哪！

但是在这样完美的她的身边，我总觉得不舒服，好像自惭形秽。跟诸事完美的人在一起，我们的不完美更加引人注目。

接下来的日子，随着深入接触，朋友会和我分享她碰到的纠结之事和趣事。渐渐地，和她在一起我也越来越自在。后来我才发现我们是同一个俱乐部的会员。我意识到，她也是人，不完美的人，但很可爱。这样一来，在她面前我终于能够放松下来做我自己，不会感到被人评判。因为我们都能认识到自己的缺陷，能够一起分享生活中不完美的那一面，而这又加深了我们的友谊。

你与家的关系也是如此。不完美发挥着重要作用：它会让人感到放松。

走进一栋房子，我会环顾四周，希望看到不完美之处。房子里不完美的地方让我知道，在这栋房子里我可以流露真实情感，不必伪装。

事实是，在完美无瑕的房子里，我无法感到舒适安逸，我会情不自禁地分心，脑子里想的全是自己的一言一行：我想是否可以把靠背拿开坐在沙发上。最好还是喝水，别喝红酒，免得洒了。我会无心享受女主人的陪伴，心里只想着在这个似乎坐拥万物的人面前该怎样表现。我满脑子想着她的房子如此美丽，如果知道我的家里是一团糟，她会怎么看我。

但是后来，我幡然醒悟，如果我在这样完美的家里不能放松，那么别人的感受或许与我一样。如果别人的感受和我一样，那么我如此辛苦，努力把家变得完美是为什么呢？

的确，我希望我的家看起来热情好客。我希望我的家舒适。但是热情好客和舒适并不等同于完美。我做的一切都是错的。不完美毕竟不是那么糟糕，甚至还有自身价值。

我们来思考一下：什么品质让大理石、花岗岩如此值得拥有？是因为它们真实，来自天然，独一无二。每一块岩石都不完美，拥有自己独特的花纹和地质形成轨迹。它们很有价值，就是因为每一块岩石都各不相同、珍贵稀少，我们在它们天然细致的纹路里感受美丽。木头也是如此。木头上的瑕疵证实其真实性。真正高档的皮草通常会有一个标签，告知买主因为是真皮，所以可能会有瑕疵。

几年前，我家缺一对台灯，我耐心地寻找着，希望找到称心如意的。找了几个月后，我开始变得焦躁不安。就在这

有人居住的家最幸福。

个时候，天顶一束亮光打在一对台灯上，那是 Homegoods（美国一家家居用品商店——译者注）出售的一对造型完美的大白葫芦灯。我知道它们正是我想要的。

我拿起其中一只台灯一看，发现灯座有裂缝。我问店员，这灯可不可以再便宜些，店员回答可以，但是他警告我灯破损了，还是不要买了。我发现，只要把灯转个面，看起来就像另一只一样完好。而且我已经明白，购入一件并不完美的东西其实是件好事。在我家里，大部分物品在到货后的 1 小时到 14 天内都会经受坚固测试。所以，有些破损但不影响外观的物品就意味着我不必再担心它易碎了。

我买下了那对台灯。我用强力万能胶在裂缝上涂了一层。这样一来，虽然有所破损，但仍非常实用。我没遇上麻烦，也没人笑话那灯。那对灯看起来可爱极了。店员评分：0；不完美主义者评分：1。

如果你把人们迎入杂乱、未完成装潢的家里会怎样呢？不完美见证了这样的事实：我们是普通的、平易近人的、真实的人，那么，为什么要掩饰、隐藏呢？

我知道，你可能会想："她是不是试图告诉我们，我们都是笨蛋？我们是不是以后不用再整理床铺，不再刷牙，也不再割草坪了？是不是我也得出去买对破灯回来？"

桑迪·科格林在她的《不情愿的表演者》（*The Reluctant Entertainer*）一书中这样写道："卓越是努力达到目标，惠及每一个人；而完美则出于极大的需要，通常是避免被批评，希望获得别人的称赞和认可的需要。"

我们喜欢对自己说，我们坚持完美是为了周围事物的完善。说真的，其实坚持完美就是以自我为中心的行为。

事情就是这样的：如果你正在读这本书，你很可能不会陷入极端不完美主义的危险。不负责任的人是不会阅读有关不完美的书的，他们整日忙碌的是计划真人秀电视节目，而不是清理自家的冰箱。

我们大部分人都非常看重责任感，完美主义的思想也总是在我们耳边回响。其实，我们大部分人不需要事事对自己苛责，少数事情顺其自然未尝不可。

因此，如果你的牙齿开始脱落，你家的草长得和膝盖一样高，那么，你就不必再听有瑕疵是好事这样的话。这种情况下，你有权不看这本书，你可以把它用作镇纸，压在那些你不舍得扔掉的杂志上。如果你快要被各种期望和比较压垮了，还要被迫和你不喜欢的人保持交往，或许现在是时候接受不那么完美是好事的观念了。

是时候停止道歉了

走进朋友的家，我发现两件事显而易见：主人不仅有着无可挑剔的品位，而且有强大的经济后援。但是女主人却用一句"家里太乱了"来欢迎我，这让我内心窃喜。她不仅懂得如何装饰一个美丽的家，也一定知道怎样在混乱中生活得美好。我仔细查看每一处，想找到杂乱的地方，但是触目所及没有杂乱之处。但是这时女主人自己指出来："哦，还是别看那窗户吧，我们一直想换窗帘来着。""我一直想让我丈夫刷刷那面墙。""真是不好意思，那些抱枕和这个旧沙发不搭配呢。"

不完美证实我们是正常的、平易近人的、真实的人。

看完所有的房间，女主人总结的话让我震惊："太尴尬了，家里一团糟。"每次有人来她家参加聚会，她都会用道歉来欢迎客人，而且不忘指出家里的缺陷所在（虽然我至今也没发现），这样一来客人们也都知道了，她知道她的家里不完美。

写给租客、过往旅客和现代流浪者

有目标寻租

我全职照顾刚出生不久的儿子，全家靠查德的薪水生活。另一位有全职工作、住着好房子的新手妈妈对我说："你真幸运，我真希望能在家里带孩子。"我现在还记得我当时心里是怎么想的：但我认为你才是幸运的，因为你买了房子。但是后来，我就明白了为什么她说我幸运。

大部分租客选择住在自己并不喜欢的地方，是因为有更重要的事情需要顾及：养育孩子、支付贷款、住得离家近、找工作、支持配偶工作、独立、经济责任。请记住，有很多女人认为你很幸运，能一开始就作出那样的选择。

以后回想起来你会发现，现在让你瞧不上眼的出租房其实有很多美好的回忆。为了过上真正的家的生活，为了获得经济收支的平衡，为了你想要的家庭环境，选择一处不是那么理想的家。这样的决定，今后你回想起来也不会感到后悔。提醒自己你这么做是有目的的。毕竟，选择租房住或许就是生活赐予的礼物呢。

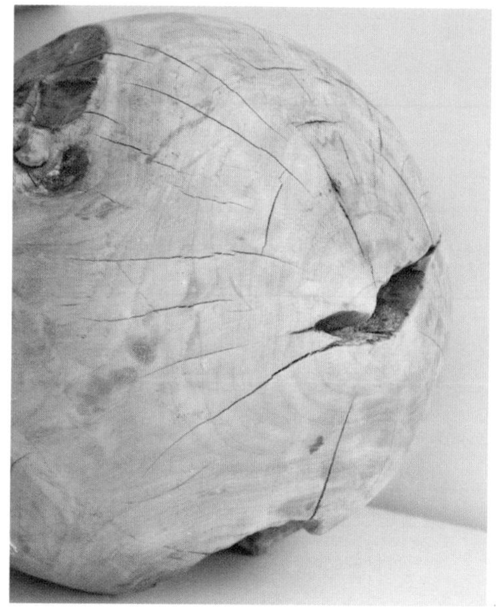

而我所想的是，如果她那设施齐全、装点美丽的家都算不上好的话，我那破败杂乱的房子更算不上什么了。我在心里暗自记下，无论如何，永远都不请她到我家里来。

当然，我自己也曾落入自责的陷阱。我也总是为我家的状况向别人致歉，以此来保护自己，不让别人觉得我是邋遢鬼，至少让客人觉得我已经认识到自

不苛求完美可以使人身心放松。

己邋遢，并不满足于现状，我有更高的标准，现在的房子没有达到我的要求。但是，那天我认识到，当我为自己的家不停致歉的时候，我其实是在向听到我的话的所有人宣布：我不满意自己的生活状况；我会默默努力为自己的家加分；我一直非常重视家的外观；而且，可能，只是说可能，去你家拜访时我也会这么想。

有一次，我不断地一遍又一遍地充满歉意地向客人解释，我们租住的漂亮大房子（并非我喜欢风格的大出租房）如何如何不是我喜欢的风格。客人听后，轻轻地说，她喜欢住在这样的房子里。我是那么欣喜，因为她的评价让我认识到我自己正在做什么：不知感恩。

不要为自己的不完美而深感抱歉，那只能让客人不舒服。这种做法事实上鼓励了对现实的不满足。如果你已经结婚，丈夫听到你抱怨他尽其所有提供的生活，或许他会感到心痛。

自去那位爱道歉的朋友家拜访，已经过去很多年了，现在如果我们仍住在同一个镇上，我可以毫无顾虑地邀请她来家里做客。她或许不会注意到我家的凌乱——那些陷入完美不能自拔的人往往严于律己，对别人则不会。而且如果她确实注意到了的话，或许我的不在意会让她多一分轻松自在，没有必要因此向别人致歉。

不苛求完美是成熟的表现

家务达人马拉·西利(Marla Cilley)在她的书中说道："家务做了就好，做得不好也会有益于家人。"创造美居环境也是同样的道理。房子装饰了就好，即便装饰的不得法，依然可以有益于家人。

当然，生活中像交税、开飞机、拨打火警电话一类的事要力求准确无误；有些事只要去做就好，比如洗脸、买块小地毯之类的；有些事尽力做到最好就好，无须完美，比如省钱、打扫房间、刷牙、选色粉刷。选择去做、尽力做好，远比苛求完美来得聪明。能做出这样的选择是心智成熟、内心平和、感恩满足的表现。

创造美居环境的目标并不是追求完美。意识到这一点，我们就能跟随对自由舒适的向往行动，不再畏首畏尾止步不前；意识到这一点，二手沙发在我们眼里会变成爱的故事的片段，变成家人和朋友共享快乐、释放悲伤的轻松处所。当然，新沙发该买还是要买，只是选择与以往不同，我们内心已经发生变化，买新沙发不是因为讨厌现在所拥有的，而是对已有的充满感激。

别让不完美成为装修梦想中的刺。睁大眼睛欣赏，把家中的不完美看成生活的迹象，把杂乱看作生活给予的礼物。

孩子的脏鞋子成堆，说明孩子体验着探索的乐趣。断了腿的椅子上堆满了孩子的书，说明我们不是买不起新椅子，只是把钱花在了更看重的事情上。看看有50年房龄的老房子里摆着小小的双人床，我们或许会产生新的烦恼：该买新床了，甚至是得买大点的房子了。可是转换一下视角和思路，烦恼就变成欣喜：孩子在健康地成长。喜悦感由此而生，内心充满感激。这才是我们应该做的，这是多好的礼物啊。

所以，别让不完美成为装修梦想中的刺。睁大眼睛欣赏，把家中的不完美看成生活的迹象，把杂乱看作生活给予的礼物。这样想并不影响我们在进门前清理掉鞋上的泥土（或者要求孩子这么做）。但是，若邻居来玩看到地上的泥，也无须为此尴尬。这是生活在继续的迹象，房子是为生活而存在的。我们的家就是生活的映照，生命中的零乱，灿烂而美丽。

ALL★STAR
ALL★STAR

第五章

安全之地

脚蹬在小桌上，抱枕散乱地摆放着——房间的布置就是要让人住得舒服。

无论是国王还是农夫，家庭和睦是最幸福的。

——约翰·沃尔夫冈·冯·歌德

接受家的真正用途

在着手做些改变，创造美丽但不完美的家之前，你需要对你家的用途加以限定。这是你环顾自家房子时，需要带上的镜头之一。你希望到访的客人有怎样的感受？你希望家人对他们居住的家有怎样的感受？

考虑一下，你会用哪些词来描述你一直想要的家的感觉。请在你脑海里浮现出描述家的形容词之后，再继续往下读。

在我的博客“巢居”中，我问过这个问题。下面是才华横溢、目标明确的博客关注者对这个不甚科学的民意测验（“不甚科学”指的是我当时是穿着睡衣，喝着冰镇咖啡记下那些一再重复的词语的）反馈的结果。

- ☐ 自在的
- ☐ 好客的
- ☐ 安静的
- ☐ 平和的
- ☐ 真实的
- ☐ 有助成长的
- ☐ 热情好客的
- ☐ 以家庭为中心的
- ☐ 鼓舞人心的
- ☐ 妙趣横生的
- ☐ 简朴的
- ☐ 永恒的
- ☐ 舒适的
- ☐ 避风港
- ☐ 安逸的
- ☐ 令人喜悦的
- ☐ 安全的

你是否想到过同样的词语，或是相似的词语？你或许还有更多的词，但是几乎没人会说，“我喜欢有安全感的家，但我肯定从未想让自己的家成为别人开玩笑的对象”。没人会说希望自己的家让人感到不受欢迎，或者让人感到冷冰冰、不友好、无法接受、令人不快、死气沉沉或充满压力。

读者列出的这些词语是我们希望自己的家带给家人和朋友的感受，这才是我们一直渴望的家。

在把房子变成适合自己家人居住的过程中，请用这些词语不断提醒自己，家的真实用途是什么。对于家的用途的答案没有对错之分，全由你自己决定。

你可能正在想：女士，这些词语确实美妙，但是这对我现在房子的布置又有怎样的影响呢？我有个房间还空着，请帮帮我！相信我，这些词语能够帮助你迈出创造爱居的第一步。现在我们就来看看具体该怎么做。

一个充满创造力的美丽处所

美丽是我所考虑的家装的首要选择。注意，我说的不是完美。而且，我也不在意是否豪华。美与完美、豪华是完全不同的。我还没碰到过希望自己家丑陋的女性呢。享受美好事物是人类生活的一部分。

难道家不是唤醒我们本身所具有的创造力的最安全的地方吗？

我的朋友达莲娜创作的设计大师宣言如下：

我是设计大师

我爱美丽，看到潜力空间，我要用美丽填满它。我要创造能带来欢乐的美丽。

设计是高尚的职业，它能提高人的生活质量，是培育良好人际关系的手段，可以为家庭增添快乐。

我喜欢美好可爱的东西，但那不是我的财宝。我知道什么才是真正重要的，我的目标不是“储存世界上的财宝”。

我活着是为了给上帝带来荣耀，上帝才是终极设计大师。上帝创造了美，创造了所有美丽事物。上帝创造了我对美的热爱，把快乐深植我心。

我创造以及已经创造的一切，皆因我自身就是上帝的造物。

我是设计大师。

——达莲娜·韦尔

怎样创造功能性空间？

情感连接之地

若想使家成为情感连接之地，我会问些诚恳的问题，以了解家人。融洽的对话是我的首选，我必须保证有足够的、舒适的座位让朋友们聚在一起。

容许犯错的安全之地

要想把家变成容许犯错的安全之地，首先要做的就是放低标准，不过分苛求自己，原谅自己的过错，让他人看到我的自嘲。我会在家里展示不完美的事物，使用不完美的装饰品：孩子虽然竭尽全力但仍然只得了“C”的听写比赛成绩，好的，贴在冰箱上；玻璃坏掉的镜框，没关系，挂在墙上，看起来还是棒棒的；沙发有裂缝，我们仍然喜欢，每天都用着。我不会再指出这些不完美并为此向客人致歉了。我现在接受、热爱这些不完美之处，并且乐在其中。

激励之地

要想把家装成激励之地，我会关注那些激励我的事物。我会收集那些激励人心的纪念品，并大大方方地展示出来，不在意流行趋势。

真实之地

若要家变得真实，我就得学习接受不完美，学会在未做完的家务、随心摆放的饰物、杂乱无章的杂物以及每日琐碎的生活中发现美好；学会在真实中发现美；学会接受这样的观点：我家独特的零乱也是生活充实、美好的象征。

舒适之地

若要想打造舒适的家，我就不会再向到访的客人致歉；不会再过多关注别人的看法，而不考虑自己的感受。我要创造一个为人服务的家，而不是要人小心伺候、胆战心惊地保护那些花哨家居用品的家。

放松之地

想要使家成为身心放松之处，我就得好好考虑自己在家的态度和说话的语气。我就得学会在事情未完成的情况下放松自己，即使有一堆脏兮兮的盘子要洗，我也能和偶然来访的朋友说说笑笑。

欢乐之地

若要想家里充满欢乐，我就得让自己周围充满能使自己想起美好时光的人和事。我会拿走那些让自己忧伤或是不愉快的东西，让那些能带给自己欢乐的东西取而代之。

满足之地

若想使家成为快乐之地，我就得培养自己在家里常怀感恩之心。对家中拥有的物品，我会大声说出内心的感激，不再因遗失物品而沉溺于伤感之中。

下面是关于了解家的用途，帮你作出明智、随心的家装决定的例子。

我家的起居室是为了让一大群人舒适地坐在一起。在这里，我每周举办社区团体的聚会，为我的妹妹举办过新书签售会，举办过工艺品日，举办每年的大型圣诞家庭聚会，还举办过我丈夫的神职授予仪式。所以，我遇到的挑战之一就是摆下足够多的座位，还不能使家里看起来像医院的候诊室那样拥挤。

我不时地审视四周，数着座位数，以便来客随时有地方坐。这是我跟自己玩的游戏（显然，我是每一次派对的灵魂人物），然后尽力打破纪录，看一看可以在角落或是桌子底下放下什么更有创意的座位。

座位总数分解：

连排座 = 五个座

两个软垫椅 = 两个座

两对铺有软垫但舒适度不佳的扶手椅 =4 个座

我特意买了两对扶手椅以增加座位。这两对椅子并不符合我所追求的设计范儿，所以我不得不充分发挥创造力，让椅子和现有家具搭配起来。一对放在了梳妆台两侧，另一对摆在了游戏桌边。若是真的需要，我还可以就近从餐厅拉两把具有教会风格的椅子过来。

不论哪天，只要需要，无须移动家具，我就可以在起居室里安排好 11 个座位。算上酒吧凳就有 13 个。如果再把餐桌旁的一对舒适椅子搬过来的话，总共就有 15 个座位了。这还没算和桌子配套的另外 4 把椅子。我把椅子都利用起来，就是因为我知道我们家的用途就是为让更多的人舒适、随心地聚在一起。

上图： 花 40 美元从救世军机构（the Salvatic Army，是一个成立于 19 世纪的基督教教派，街头布道和从事慈善活动、社会服务著称。其际总部位于英国伦敦，在全世界 70 多个国家几千个分部。——译者注）淘到的一对天鹅绒子，我亲切地称它们为“合金双胞胎”。

我妹妹艾米丽写了一本《一百万种小方法》的书，里面谈到艺术和上帝造人之间的联系，以及这种联系在我们生活中的意义。她写道："万物之初，上帝创造了艺术……关于上帝，我们了解的第一件事是上帝创造了艺术……关于我们自身，我们了解到的第一件事是什么呢？……我们是上帝按照自己的形象创造出来的。你自身就是艺术，同时你也在创造艺术。"

我们渴望被美丽环绕，这很正常，对此我们不用惊讶，也不必羞愧。

去年夏天，我去了坦桑尼亚。关于这件事，在后边的章节中我会重点提到。之所以在这里提及，是因为那场旅行让我知道人类对美和创造力的向往是多么强烈。当时我知道要去贫困地区，对于在那里是否能看到创造力心怀疑虑。艺术必然是奢侈品吗？

后来我见到了带着大串珠链的马赛妇女。通过翻译，我告诉她，她的项链非常漂亮，并问她花了多长时间做成的。她回答说两个星期，然后她做了个手势让我稍等，随后她走进她的小屋，出来时带着一串两倍大的项链，自豪地向我展示她美丽的作品。身处贫穷饥饿之中，每日生活在泥棚，这位女性仍为艺术创作腾出时间。

我在家里创造艺术，因为我们是上帝按照自己的形象创造出来的，这是我们的使命所在。我的家就是我的画布。不论所居之家如何，不论拥有何物，我都会听从上帝的召唤，尽力去展现我所居之家全部的辉煌。这既是我对美的热爱，也是我们大家对美的热爱。

举例来说，我是家居优化师。方法之一就是通过调整家具摆放，不花一分钱就能让家大变样。这不是因为我对自己的家不满意，我知道不满足是什么样子：整个彻底无望的态度，不负责任的滥买，以及一颗不知感恩的心。但是于我而言，调整家具摆放是简简单单的快乐，是锻炼我们创造力的好方法。

孩提时代，我梦想着拥有既美丽又充满乐趣的房子。或许你也是如此，或者你只是希望家能让你自由自在地招呼朋友，乐在其中，而不是纠结于家的不完美。

你的家是另一个愿望未满足之地，一个清单未完成之处，一个让你备感疲惫之地，还是一个世界上最安全的避风港，一个可以回归、可以疗伤、可以创造、可以冒险的地方，这都取决于你自己。

家的目标

家的目标是什么？或许，你可以为自己或是家人用一个词语描述出家的终极目标。我们大部分人都曾设定过生活、工作和未来资金规划的各种目标，那么为什么对于承载我们大部分生活的房子或公寓不能设定目标呢？

家的作用是彼此沟通、休养生息、激励人心，并随时欢迎客人来访，期待你的回归。所以，即便房间凌乱，也能满足家的真实目的。犹如醍醐灌顶一般，我对于家的想法发生了巨大变化。不要时刻关注那些自己家里没有的，真切地去感受一下自己所拥有的。

同时我也知道，尽管家中稍有凌乱不会影响整体的美丽，但是彻头彻尾乱糟糟的家可不是我的目标。所以，我还是尽力让家保持整洁，但不苛求。（当然，你、我和你婆婆对于凌乱的定义全然不同，但这不是本书要谈论的事情了。）

我们人生的不同阶段对家有着不同的要求。如果有什么事情对你来说有点不对劲，那就需要重新考量。现在，我丈夫在家教育孩子，我在外忙生意。根据需要，我们把一间空房也改造成起居室，这样一来，家里的男人们就有个空间可以随意摊开书本，乱扔脏袜子，而我也有了安静的工作空间，自由地进行拍照和创作。

一旦明白了家的用途，我们很容易就能在其他类似的事情上作出更好的决定。例如，有关搬家，买卖房屋，买些什么家居用品，家里的哪些东西可以不要、哪些东西需要扔掉等，或者把不用的餐厅改成工艺室、玩具室、图书室或是办公室等，或者再把办公室改回餐厅等。总之，家居环境根据我们需要的变化而

下图：家：乐在其中，爱意融融

创造充满魅力的美丽家园是一项高尚的事业。

——黛博拉·尼德曼

MACAULAY
ATRIOT'S HANDBOOK

改变。

这些决定没有正确与否，只是为了创造一个家，为家人当下的需要服务，满足家人当下的生活。我们要时刻记住这一点，因为家装时很容易走向初衷的反面，背离我们最初对家的期望。就好像面对评级，我们内心慌乱不安，因怕被评判而迟迟不作决定。我们的这些担心和犹豫，使我们浪费了大好光阴，无法享受我们的生活，导致我们处处不满，牢骚满腹（并不是说我做过什么），这也给家人带来了痛苦。在对待家的态度上，我们更像是看任务清单，而不是创作的画布。

回头想想当初我们列出的词语。所谓家，更多的是关乎人而不是物，关乎住在家里的人，以及来做客的人。物可以帮助我们实现目标，接下来我们会谈到这一点：没有家具和地毯，肯定不会有家的舒适温暖——但拥有家具和地毯并不是家的真正目的所在。

家的最大的目标是为人服务，而不是让人服务于物。

第六章

风险

买“旗鱼”的那天，我感到焦虑不安，但事实证明值得冒险。

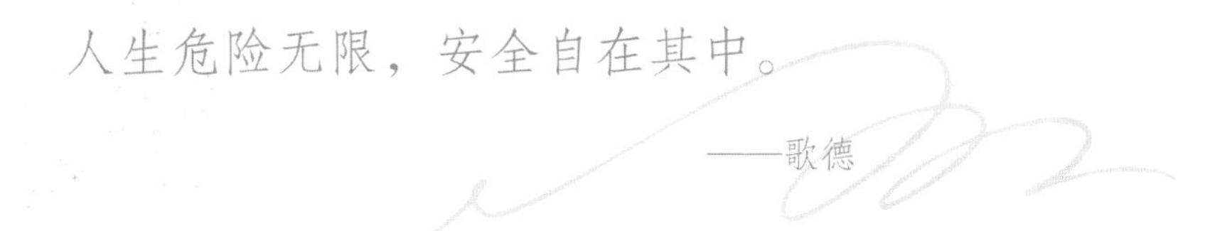

冒些风险，继续传承

经过五年“巢居”博客的写作和帮助朋友、邻居、陌生人改善家居环境的经历，再加上 39 年来不断地倾听自己头脑中的质疑，我非常确信自己已经弄明白，是什么阻止我们去有意识地创造美丽且富有内涵的家。

不是没钱。

不是缺乏创造力。

不是因为我们没有时间。

不是因为有人阻止。

所有这些都会起作用，但是我们遇到的最大障碍是什么？是恐惧。

我们迟迟不作决定，犹豫油漆该选哪种颜色，梦想着试试 DIY，却又担心将事情弄得一团糟。我们认为，别人在选择那个大胆的颜色或是购买那个复古沙发时，他们好像没觉得那是冒险。因为感到害怕，我们就选择放弃，或者走向另一个极端。我们无限期搁置购买那个我们惦记了三年的沙发，却花小钱买了一堆零零碎碎的小玩意，因为买这些小东西花钱不多，容易作决定。

家应该是世界上最安全的地方。我们渴望为家人和客人创造一个安全之地。但是，我们没有把家看作自己的安全之地。

换个角度来看，假设家不仅是孩子们学习如何成为有责任感的人的培训基地，也是我们自己成长的培训基地，情况会怎样呢？假设家是我们可以犯错、冒险、嬉戏，以及做回自我的安全之地，情况会怎样呢？

如果我们在自己家里都不能做真实的自己，不能犯错，我们怎么期望别人在我们家里会身心放松、轻松做客呢？

大凡重要之事的决定都有风险。申请大学的奖学金有风险，接受求婚有风险，参加球队选拔有风险，发挥和展示创造力有风险，尝试新菜单有风险，养育孩子有风险。生活本身就是冒各种风险，而冒险就可能带来混乱和麻烦。

如果降低期望值，不再把完美看作目标，你会惊讶于自己原来可以做那么多尝试。

钉子眼日记

没开始在网上写东西时，我还没意识到有些女性（和男性）有多么害怕墙上的钉子眼会破坏她们的家的形象。我心里有个声音想尖叫："就是在墙上打个钉子眼而已！就那么个1毫米的眼，两秒钟都用不了就可以用泥子把它抹平。生活中还有比这风险更小的事吗？"钉子眼最容易修复了。等等，我都不愿意用"修复"一词，因为这影射了钉子眼是个错误。在家里，填补个钉子眼是最容易作的调整了，仅次于换个灯泡。钉子眼是家居生活的一部分，要我说，除了喝咖啡不搅拌，钉子眼可是生活中最入门级的冒险了。

我心里也能理解做没有把握的事情时，迈出第一步的犹豫彷徨。说到钉钉子眼，我底气十足，可是如果把我放到商店的化妆品柜台，那我感觉自己就像

我们习惯于避免犯错

往墙上粘大力胶：有风险

从网上买地毯：有风险

将床单当窗帘：有风险

在二手店买把不知往哪里放的椅子：有风险

给木材完好的椅子刷漆：有风险

悬挂破旧的大号灯笼：有风险

粉刷租来的房子的墙：有风险

拥有一个我们喜欢发呆的房间：完全值得冒这些风险——回报是无价的

右上图：灰色墙面配以用白色大力胶粘出的图案的卧室

右下图：反映生活各个阶段的诸多照片墙之一

7 岁的孩子，而且是 7 岁的男孩。说到化妆品，我可是完全没有概念。对于我，买化妆品就是冒险，所以，尽管也想好好化化妆，可我还是会对化妆品避而远之。

再说回钉子眼的事情。在客厅，我布置了照片墙，而且花了不少时间尝试把照片放在最合适的位置。最近，我数了数墙上的钉子眼，一共 83 个。你会因为一面墙上有 83 个钉子眼而起诉我吗？事实上是，根本没人来逮捕我，给我戴上有针织衬里的名牌手铐。

在家尝试冒险小贴士

- 从小事做起，找个花费不了多长时间的小项目；
- 不要投入太多钱；
- 不要苛求完美；
- 敞开心胸，接受各种变化和新想法。

为了在博客上证实我的观点（那段时间，钉子眼在我的博客上成了热门讨论话题），我给自己计时，看修补这 83 个钉子眼到底需要多长时间。填平这些钉子眼共花了我 6 分钟的时间，等泥子干了后，我又花了 3 分钟时间用砂纸将墙打磨平整。

对于我尝试用不同的方式来摆放照片时在墙上留下的这 83 个钉子眼，我没有感到一丝的后悔。有时候就是这样，只有做一些不完美的事，才能让其变得更赏心悦目。我说得对吗?

所以，为了爱所有那些可爱的东西，请不要连个钉子眼也不敢打。拜托你，去打个眼，挂上幅画吧。如果你从未打过钉子眼，那就现在去打，找个钉子，拿把锤子（鞋子、石头也行），在墙上打个眼，这会让你瞬间释放。如果你有严重的钉子眼障碍，那就从衣橱开始。为了创造美丽家园，你必须克服钉子眼

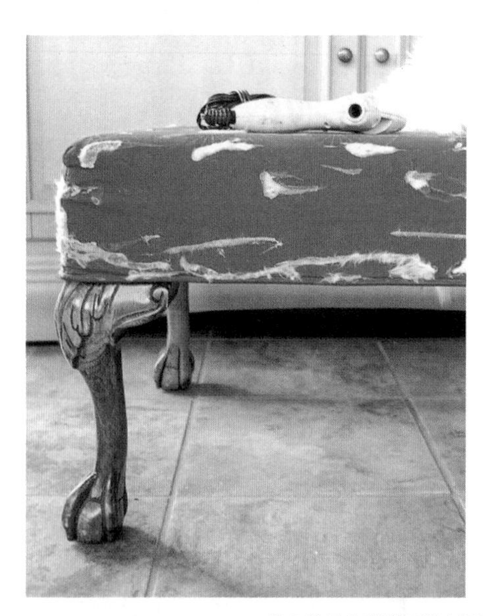

花 5 美元从庭院旧货市场买来的软垫椅，用热胶粘上价值 12 美元的仿毛皮，瞬间就成了时髦的脚凳。第一眼看不上的东西不会因你的改造变得更糟。

这个橱柜一开始是黑色的。我刷了遍漆，然后用树叶做了个花边，作为临时的派对装饰。我非常喜欢这个花边，两年来它一直挂在那里。

恐惧症。你没得选择。

最重要的是，拥有爱家的第一步就是把家变得不完美。很讽刺，是不是？你不能因为墙上会弄上涂料就害怕刷墙，这就是整体思路。从小风险入手，慢慢地，你才敢挑战更大的风险。你能做到的。

“你不能这样做”

冒险不一定是挑战大事。或许对你来说，冒险不过是把沙发挪到另一面墙看看效果如何。或许是从 HomeGoods 家饰店买 4 个颜色醒目的新抱枕，带着价签摆到沙发上，就是为了看看哪个颜色合适。在家里做哪些事是冒险，只有你心知肚明。

但是所有人都需要通过练习才能习惯冒险的感觉好一些。家里我最喜欢的东西都是冒险成功后的收获，那些不成功的东西也是冒险的结果。只要能得到钟爱的东西就值得冒险，哪怕不是所有事情都天随人愿。

带来灾难性后果的冒险行为：

- 在我办公室里有一面椭圆形的镜子，我想看看把它放在孩子们房间的效果。因为觉得没有必要在墙上再添不必要的钉子眼，我没有把它挂起来，而是把它倚着墙放在梳妆台上。我打算就这样放个两三天试试，看看自己是否喜欢这种安排。后来，我竟然把这事给忘了。一周以后，突然听到一声巨响，镜子从梳妆台上滑下来落到地板上，摔得粉碎，已无法修复。

- 我从二手商店买了一对台灯，有一个坏了。但是没关系，我上网用谷歌搜了怎样重装台灯的电线，结果被电了一下。不过从那以后，我学会了如何避免被电线电着。

- 去年，我认为让两个小儿子搬到闲置空房里住，能够解决我家三个儿子共住一个房间产生的所有问题。我们花了整整一天的时间，把床拆开，把两个房间的东西搬得到处都是。结果发现，孩子们的房间里没有衣橱非常不方便，这也成了此次行动失败的关键因素。6 个月后，我们又花了整整一天时间把东西搬回原样。

我并不后悔冒险作了这些尝试。为什么？因为如果没有尝试作些改变，或许我现在还坐在那里，心里想着如果作点改变会怎样呢？

另一个场景也是我在生活中常常会碰到的。你经常会看到朋友或 DIY 博客的博主们从庭院旧货市场买些家具，然后重新刷漆。于是，你花 8 美元买了个木桌，带回家放在车库里，一放就是 6 个月。终于，你决定动手油漆桌子了。这时，丈夫问你在干什么，你说打算把这个从旧货市场花 8 美元买回来、在车库放了 6 个月的桌子刷刷油漆。想知道他怎么说？答案可能是："你不该刷油漆， 这可是好木头做的。"如果你的婆婆恰巧经过（我总是拿婆婆说事，是因为我婆婆非常好，她不会说这样的话，所以，她不会介意我这样做），她会自以为善意地提醒你："你不能直接刷油漆，得先将旧漆除去，然后打磨平整。你还是找个专业人士来做吧，不然会毁了它。"

> 不冒险的事情不值得你去做。
> ——赛斯・戈丁

于是，你看着那个 8 美元买回来又在车库待了 6 个月的木桌，突然真的很担心自己会毁了它。一想到要打磨、除漆以及其他一些你都记不住词的活儿，你觉得这也太难了。这时候，你会怎么办？很可能你会让它在车库再待 6 个月，然后在下次你家庭院旧货处理时，5 美元把它卖掉，要么干脆把它捐给慈善二手店。

然后，当地的一个博主买下这张桌子，没有除漆，没有打磨，只是用以前剩下的油漆随便刷了刷，桌子就变成漂亮的家具——虽不完美，不会获奖，但是放在家里看着那么美好，可以放放咖啡杯和书。当你在她的博客里看到这张桌子时，心里是否感到有些奇怪，怎么感觉那么熟悉！不，不可能是苏富比拍卖行买的。除非这桌子是隐藏的珍宝，否则它不会有这个机会。

从院子里搬过来用作小桌的木桩

这个故事的道理是：不要毁掉那些你不喜欢的东西，特别是一开始看不出价值的东西。

我不是让你去拿传世的古董做第一次冒险，但是拿8美元买来又在车库闲置了6个月的桌子冒一次风险，为什么不可以呢？你有什么可损失的呢？即使失败了，也不过是失去了8美元而已。如果它变得很难看，你完全可以在夜色掩护下，把它扔到垃圾场去。但是如果它本来效果可以非常好，但是你却因为不敢冒险，失去了让其为家里增光添彩的机会。

冒险的艺术

我们不去冒险，是因为这样做很容易；我们决定冒险，是因为怀有希望，是因为我们看到了更好的前景。

如果你还是坚持无谓的担心，那就担心流星撞击地球吧，或者担心汽车刹车失灵，或者担心牙齿和头发一个月内掉光吧。请别再担心家庭装饰了，家装应该是充满乐趣的。

创造美丽家园的关键不是对你所做的事情心中有数，而是在你心中无数的情况下敢于冒点风险，怎么装饰、怎么做都是对的。

所以，现在就行动起来，并且希望结果不够完美，这样你才能马上明白，不完美不会要你的命，除非你正在按量配给碱液制作肥皂，或者你正在造原子弹。

行动起来，开始冒险之旅吧！

第七章

出于善意的提醒

要使自己不可替代，就必须总是与他人不同。
——可可·香奈儿

假如所有人想法相同，那么就说明根本没有人真正思考过。

——沃尔特·利普曼

写给生活中自以为是、喜欢指手画脚的女人

前不久，我收到塞布琳娜的邮件，她琢磨不透为什么她家的壁炉和壁炉架看起来不太对劲。看了她发来的照片，我发现只要重新给墙砖上色就能解决问题，无须增添新配饰。她家有一面巨大的墙，墙砖过时，颜色杂乱，吞噬了房间的光线。当我把自己的建议说给她听时，她认为我的主意特别棒。但很快，她告诉我她不打算给墙砖上色了。原来，她叔叔是个泥瓦匠，他明确表达了自己的看法，说傻瓜才会把好好的墙砖再刷一遍。事情就这样结束了，就因为他叔叔认为这不是个好主意，她不可能再给她的墙砖上色了。

生活中有多少次，我们是让叔叔、父亲、婆婆或是粉刷工为我们自己的家装作决定?

塞布琳娜和我谈了很多，我想最后她还是决定刷墙。我觉得，只要不是让她叔叔本人来给砖上色，或者不是她叔叔负担油漆费用，或者不是她叔叔帮忙还房贷，那她就完全没有必要非听他的建议。（丈夫则不然，他要和你一起付贷款或房租，他还是有发言权的。）

配偶、姐妹、父亲、从事室内装饰的朋友和邻居都可能摧毁脆弱的家装小方案。如何才能知道什么时候该微笑着继续，什么时候该改变计划呢?

下面就是我在“巢居”博客中经常会被问到的问题：

- 怎样才能让我老公同意在卧室床的上方装个吊灯?
- 粉刷工跟我说，不要把篱笆和墙都刷成白色，墙更适合刷成米白色，但

是现在我恨死这颜色了，帮帮我！

- 婆婆说我家里太白了，白得像医院。可是我觉得白色看起来清爽干净，我该怎么办？

但是如果有人在你不太自信的领域提供建议呢？

如果你已经开始质疑自己的选择，那么要知道怎么应对这些建议确实很难，不管这些建议是不是你主动征求的。

下面说的是我如何判定别人的意见对我来说有多重要。

想想你擅长做的事，就是你有点像专家的那个方面。或许你擅长的是买有机食品，或者是在预算紧张的情况下打扮得光鲜亮丽，或者是你工作上极具领导才能。不论是什么，你擅长这事，并且也了解这事。不是自以为是的那种了解，而是平静的自信，相信自己有足够的经验作出最明智的决定。

但是，如果有人在你没有自信的领域提供建议呢？

所以，当朋友出于善意想说服你怎样做事时，你态度和蔼，礼貌地微笑点头，但是心里明白自己不会那么做，因为你有丰富的经验，可以作出最好的决定，无须朋友的帮助。比如，妈妈告诉你应该在沃尔玛购物，那里的东西便宜、衣服漂亮。是不错，但是你知道自己喜欢的是塔吉特（Target，美国第二大连锁折扣零售商——译者注）。沃尔玛适合她，而塔吉特更适合你。你不会为了取悦她就改变购物地点，因为你相信自己的选择。你会礼貌地回应，然后转身去给自己买几条漂亮的莫西摩（Mossimo）的牛仔裤。

但是，如果有人在你没有自信的领域提供建议呢？如果那个领域就是创建家园和家庭装饰呢？我们会困惑，会担心是否会伤害他们的感情，我们会感到彷徨无助。完美主义再次浮上心头，我们也不知道他们是否会比我们更了解我们自己，于是我们把时间都花在听取别人的建议上，却无暇考虑什么是自己真心喜欢的。

穿着工作服、长着胡子、开着皮卡车的粉刷匠是往墙上刷涂料的专家（希望如此）。但在挑选你喜欢的颜色上，他可能是也可能不是这方面的专家。我曾雇过的两个粉刷工，都曾想让我在某件事上改变主意，说我正在冒险，直到我对此应对自如。不用多久，你就可以从容面对这位粉刷工，告诉他你是在自己选涂料颜色，并谢谢他。你应该在家里为自己和家人创造美丽。

所以，当遇到出于好意给你提建议的朋友和家人，你怎么知道该听谁的建议呢？

我从不接受我不喜欢的房子的主人提的装修意见。如果我不喜欢她的风格或者在她家里找不到真正的美丽，那么我就没有理由考虑她的意见。（事实上，如果你不喜欢某个人的品位，你可以在脑子里记下她的建议，考虑与之相反的建议。这很有意思。）

在“巢居”博客里，经常有人建议我刷刷墙，或者动动沙发。我承认我会点击他们的网站，如果我看到喜欢的内容，我会认真考虑他们的意见；如果里面的东西完全不是我喜欢的风格，我不喜欢他们家墙的颜色，或者他们家沙发摆放的位置，我会忽略他们的建议。很多时候，他们没有自己的网站或者博客，从网上找不到他们家的照片，这种情况下你知道我是怎么做的吗？完全无视他们的建议，因为我真的不知道他们是怎么提出这些建议的。

对于那些创造出我喜欢的家装风格的人，我确实会听从他们的建议。我不介意他们是否是设计师，是否有学历，或者他们是否知道自己在做什么。如果我有个朋友，我特别喜欢她的家，那么，我在决定装修自己的家时，我会向她征

要做出你自己的装修决定，最好的开始方法就是练习冒些小风险，直到你对此应对自如。

询建议。

向那些与你做事方式相同的人获取建议，这是一个普遍规律，可以应用到生活中的几乎任何情况下。

关于丈夫的问题

在“巢居”博客上，经常有人问及丈夫对于装修意见的问题，我的观点是，丈夫在家装中应该有一定的发言权。如果你还没有结婚，请略过本节，直接看下一章。如果你本身就是位丈夫，可以给我发邮件，指出我在这儿说得哪些地方不对。

我想让自己的丈夫喜爱我们的家，因为这也是他的家。因此，我当然想让他在这个家里感觉轻松自在，并能感受到这个家也体现了他的特点。我尊重他的意见，我也知道着重点在哪。一个非常好的例子就是：如果我问他应该买 200 纱支密度的床单，还是买 1000 纱支密度的床单，他可能会很有压力，提不出好的建议，但最有可能的是，他对此毫不在意。长久以来，我已经获得了他的充分信任，在诸如此类问题上由我来作决定。这是双赢的做法。（谁会不想要 1000 纱支密度的床单呢？）

但是，我发现经常是我们不确定做什么时，会向丈夫征求意见。然后如果我们不喜欢新浴室地毯的颜色时，我们会责备他们，其实，他们一开始根本就不在意什么颜色。他们就是出于责任或者缺少信心在回答我们提出的一个问题而已。因此，知道哪些事情是你丈夫关心的非常有用，在这些事情上加入他们的意见，然后，其余的事情就不要麻烦他了。

下面看看我与“巢居”博客的一个关注者埃兰娜的互动吧：

你好，巢主！我希望能得到你在一些问题上的看法，因为我知道你非常擅长家装。过去几年里，我也慢慢爱上了装修，甚至愿意为他人装修，至少可以提供咨询。直到现在，我和丈夫在预算方面没有一点余地，更不要说有额外的钱用于装修了。但是，现在我们手头稍有松动，我可以动用一小笔钱，我也做好了准备，打算按我希望的方式来次 DIY。但我的问题不是钱，是我的丈夫！我和我丈夫喜欢完全不同的风格。凡是我喜欢的，他统统不喜欢；凡

是他喜欢的，我都看不惯。我的目标是我们一起来做，共同创造一个我俩都喜爱的空间，但就是行不通。我还一件事都没做成呢，因为我们就是没办法达成一致。所以，我的问题是：你允许你丈夫有发言权吗？还是你非常幸运，老公和孩子都与你品位相同，或者他们对诸如窗帘或油漆颜色之类的“女生的事情”没有什么意见呢？谢谢你的帮助！

埃兰娜

你好，埃兰娜！我想我属于那类丈夫不喜欢参与每个设计细节的人。而且，我们在一些事情上意见相同。如果我想把所有的墙都刷成粉色，我肯定他会有意见。但是，这么多年了，我已经赢得了他的信任。一开始，他对一些细节性的东西有意见，但后来他发现他喜欢最后的结果，所以，下次他就完全放手，让我来作决定了。现在，他百分百地让我做自己想做的事，虽然我总是尽量在大的事情上征求他的意见。因此，我会从小事做起，“证明”我知道自己在做什么。在品趣志（Pinterest，美国的一个视觉图片分享平台——译者注）上做个钉板，并告诉他你的打算。此外，我丈夫会因为我问他，而给出诚恳的建议。但总的说来，他真的不关心我选了哪个枕头之类的问题。所以，不要征求他的意见，除非这事特别重要。

麦奎琳

真的是这么回事。我总是不断地问我老公对每一个细节的意见，而且他给出了他的意见。但是，我想我可以试试你的建议：在小事上大胆按自己的意见来做，赢得他的信任；然后在那些大事上，那些不容易作出改动或者花费大价钱的事情上，同他商量。谢谢你的建议。我不得不用邮件的形式和你交流，是因为我情绪有点低落。你知道，深爱装修却苦于没法表达，这有多难。

埃兰娜

还有另外一种情况。比如说，你仔细阅读了品趣志上的话，而且你深信，你的客房需要一面美丽的黑墙。想到可以有一面改变生活的黑墙，你兴奋异常，于是，

你的丈夫上了一天的班刚回到家里，你就迫不及待地问他，是否可以在这个周末把客房的那面墙刷成黑色。

百分之九十八的可能是，他会说不行。

问题出在这儿：第一，时机不对。不要在他刚结束工作之后又让他做事，没人会在这时候有好脸色。

第二，他会觉得黑墙没必要。男人是逻辑动物，没有理由耗费精力修补还没有坏掉的东西。

第三，他可能觉得把墙刷成黑色不好。换句话说，他不相信你的判断力。

好消息是，假如你多一点耐心，你的话可能会对他产生很大的影响，说不定会放弃他的这三条反对意见。

第一件事最容易搞定，我一般不在丈夫状态不佳时跟他谈新想法，晚饭后再说。

另外，我发现只要我兴致勃勃，明确表示这么做会让我多么开心，他多半会支持。他很聪明，知道只要我高兴了，全家都受益。这里的秘诀是，你要知道怎样才能让他知道这件事能让你高兴。就因为当有什么事让我高兴时，我就会告诉他。事情就是这样了，他明白了什么可以让我高兴，他支持我，我就更高兴。

这就意味着你的下一项目始于你的最后一个项目。听明白我的意思了吗？如果刷一面黑墙的回报是妻子的快乐，那么他应该知道，你的快乐源自你做的最后一个项目，也就是说，这个项目使你的生活充满了欢乐。但是，如果最后一个项目充满了焦虑和眼泪，他干了很多活，你却不停地抱怨，那么我可以十分有把握地保证，你以后要做某事成功的可能性就大大降低。所以，还是要让你丈夫看到做这件事非常值得，并且会让你快乐。特别是你还希望丈夫帮忙干一些活的时候，做到这一点犹为重要。

如果你在上次家装项目中已经引发了家庭战争，号啕大哭，咬牙切齿，陷入困境，那么想再引入下一个项目恐怕有很多工作要做了。我建议你先找个能自己完成、无须丈夫帮忙的简单的小项目开始。先冒点小风险斩获小胜，以此为起点。例如，给架子喷漆，做个花环，添置几个抱枕。如果做完这些小项目后，效果不好，最后没有成功，一定要记着：在这个环节，千万不要向你丈夫哭诉抱怨，切记。如果你的丈夫深爱着你，不愿你悲伤、痛苦，听到你抱怨家装的苦恼，

好消息是，假如你多一点耐心，你就可能会对与你意见相左的人产生很大的影响。

被我漆成白色的落地钟，它不值什么钱，也不太重要。我拆掉了钟面，用黑板漆进行了粉刷，在上面用油漆写了许多“whenever”。

我们的儿子在这间多功能房中学会了粉刷墙壁。我们让他们从简单的房间开始，墙壁、天花板和踢脚线都用同一种颜色。

他会想方设法帮你摆脱困境，也避免你以后还会为此烦恼。他认为，保证你不哭的最简单的方法就是保证你以后不再做任何家装项目。那你可就是搬起石头砸自己的脚了。天哪！

因此，要耐心等待，直到你完成了自己喜欢的小项目，然后向丈夫展示你的成果，告诉他你有多开心。还有，千万别忘了最后一个重要环节：告诉他这么做你有多高兴之后，你一定要高兴！时间长了，他就能看到家装带给你欢乐，慢慢地他也就能越来越接受你做类似的事情了。

再回到关于黑墙的第二点：他觉得没必要，不想花时间和精力帮你。我们也需要多为他人着想，不要老麻烦别人干一大堆活儿，而这些活儿是你自己完全可以独立完成的。这事我是这么看的，不管在哪一年，我丈夫都会答应帮我做些家装。我希望自己能够明智地利用这些时间，所以，我不会在自己能完成的事情上浪费他的技能。我自己刷墙，你也可以刷墙，我们都可以自己刷墙。

或许你的丈夫不想让你亲自动手，那你得想好怎么应对了。与学开车比起来，刷墙要容易得多，风险也没有那么大。除非房间的天花板太高或是有某些特殊情况，否则，刷墙可是学习一项新技能的好机会。或者你就雇人来刷。不管你采取哪种方法，我发现，除了非他出马不可的活儿，你最好不要轻易开口求他帮忙。

最后一点，或许你丈夫会觉得刷一堵黑墙是史上最糟糕的主意。如果有人通过周密的逻辑思维认定某事是糟糕的，他们会运用所有已知信息去判断你那糟糕的主意值不值得实行。这时你可以提醒他想想你做过的、他原本不看好结果却证实很不错的事。如果你真没做过让他刮目相看的事，或者有出馊主意的黑历史，那就找点难度小的事出个让他听起来不可行的主意，然后漂漂亮亮地做好，斩获小胜。

家装的最终目的是让家人还有你自己享受创意装饰的家，即使在你装饰的过程中，也能享受到装饰的快乐。如果为家庭辛苦地工作，让你变成一个爱抱怨、说话蛮横、脾气暴躁的妻子 / 妈妈 / 自我，那么，丈夫就此终止你未来的装修项目也不是什么让人惊讶的事。你甚至还要为此感谢他呢。另一方面，如果你带着轻松的心情，兴致盎然地美化舒适温馨的家，那么你的房间和你的家人都会从中获益。

关于刷墙

如果你从未刷过墙，需要先做练习。你可以练习刷橱柜内壁、车库，或是帮有刷墙经验的朋友刷她家的墙。刷墙时会发生的最糟糕的事是什么？（以我的经验看，最糟糕的是把整桶的涂料都洒在地上。这事我干过。在以前的一个出租房里，我曾经把涂料全洒在了强化木地板上。这没什么大不了的，我不是活得好好的，还讲这事给你们听嘛。）

在优图比（YouTube，世界上最大的视频网站，可供用户下载、观看及分享影片或短片——译者注）网站上能查到 160 万条有关如何刷墙的视频，选几个看看，然后买桶涂料。当地家居装饰店的店员对涂料表面处理和光泽度的介绍，可以帮助你根据房间的用途选择什么样的涂料。

如果墙刷完了，颜色不合你心意，这也没什么大不了的。我敢保证。一旦你进入最佳状态，刷完一个房间也就需要 30 美元的涂料和大约两个半小时的时间。这在你的人生中，也算不上什么风险太大的事。不管如何，你总可以一两周后再刷一次就行，或者如果你干劲十足，第二天就可以再刷一遍。

另外，不要根据涂料店的房间条件选择涂料颜色。这些颜色在你房子里可能看起来大不相同（除非你家也像家居装饰店一样，有 9 米高的天花板和璀璨的荧光灯）。最好是先买一点你喜欢的颜色的样本，然后尽量找一块最大的海报板，把你的样品刷在上面。之后把板子摆在房间不同的地方，看看是否合适。把板子放在窗户旁边的窗帘后边，或者墙正中间的镜子后边。放一段时间，仔细观察光线变化对颜色的影响。

第八章

可爱的限制

打造这个温馨的地方，只用了有限的预算：一把 20 美元的二手椅，几个免费的树桩做成的小桌，用价值不到 10 美元的材料亲手做的书页花环，一个 80 美元的宜家埃克佩迪书架，还有一个从 HomeGoods 上花 16 美元买的枕头。花钱稍多的是从一个限时抢购的地方买来的人字形牛皮革，铺满了这个房间的地板，花了 600 美元。

艺术中呈现的美，大多源自艺术家所发起的与有限媒介的斗争。

——亨利·马蒂斯

当“但是”成为障碍

让我们来谈谈“但是”。

我们都喜欢指出自己遇到的种种“但是”。我们都坚信我们的“但是”很特别，别人不会碰到我们这样的“但是”。我们的“但是”阻止我们前行。我们的“但是”已经成为我们推迟做事、抱怨困难和放弃追求的借口。有时候我们会想，如果有一个不同的“但是”，就像有个不同的“屁股”一样（“但是”的英文单词“but”与“屁股”的英文单词“butt”发音相同——译者注），我们的生活或许会容易一些。

在家里，我们的 “但是”有各种各样的：

- 我想挪挪沙发，但是它一直是放在窗户下边的。
- 你能装一个漂亮的起居室，但是我家孩子上的是家庭学校，我们不能。
- 我一直想装一个轻松适宜的卧室，但是没钱。

我很欣赏本章开头引用的亨利·马蒂斯（Henri Matisse，生卒年为 1869—1954 年，法国著名画家，野兽派的创始人——译者注）的名言，对他的这句话稍作改动，放在具体的家装方面，甚至更有意义。我想马蒂斯不会介意我作这样的改编：家所呈现的美，大多源自我们发起的与有限资源的斗争。

我们的“但是”就是我们有限的资源。我们的“但是”是创造的催化剂。如果没有这些“但是”，我们的家不会这么美丽。

让我们充实（恨我吧，我忍不住这么说）一下家装中我们遇到的常见类型的“但是”吧。

但是我没钱

这可能是想在家里作些改变的女性碰到的头号障碍。很多女性会觉得家装需要巨资支持，但事实是，家装是要花钱，但是花多少钱是由你自己决定的。

不管你用什么方法得到家具、油漆和家居用品，都会有时间、金钱和精力的消耗。你需要判断在特定的时间里自己拥有的哪种资源最丰富。如果你没有太多的钱去花，那你就可以多花些时间或精力来补足。举例来说，如果你缺钱，无法雇个粉刷工来刷你家的餐厅，你可以多花时间寻找创意，和别人以物换物或以工换工，找人帮你刷，或者你也可以多花些精力自己动手刷。想把家装修得漂亮，需要的可不只是钱。如果你有充足的时间或精力，你也可以把家里来个翻天覆地的变化。第十章中我们会非常具体地讨论美化家庭的省钱之道。

没有足够的装修资金正是激发我家装创造力的催化剂。资金不足促使我变得聪明、别出心裁、更专注，不是因为这样的书里需要漂亮话，我才这么说的，这是我的真实感受。放在18年前，我是最不会相信这句话的人。家里我装饰得最成功的地方，都是因为我不得不想出各种异于寻常、效果好又不贵的解决方案。

我开始把遇到的这些窘境称作可爱的限制。

可爱的限制在生活中表现出各种形式。预算不足是可爱的限制，没有窗户的小房间同样是可爱的限制，房间墙角有笨拙的壁炉也是可爱的限制。租了一个铺着难看地毯的房子，不得不把丈夫钟爱的椅子融入装修设计方案中，房间没有吸顶灯，这些都可以被视作可爱的限制。

可爱的限制没那么糟糕，它们是你创造性解决方式的跳板，正是由于它们的助推，家里才常常实现出人意料的美。正如祖母常说的那样，困难总是变相的祝福。我们总是假设如果房间不是那么奇形怪状，预算不是那么紧张，如果没有两个还用鸭嘴杯喝水的学龄前熊孩子，一切都会变得容易一些。但是没有了这些可爱的限制，创造力也会减弱很多；没有了这些限制，你反而会推迟作决定，因为你有太多的选择。我甚至开始渴望限制了，因为我知道我做得最好的家装项目都是在各种限制中辗转腾挪的结果。

事情往往是这样，如果你总是因为住在父母家的地下室、难看的出租房或者没有窗户的房间里而哀叹，那你可能就没有精力发挥创造力把居住的地方改

这个摇摇欲坠、第一眼看上去并不讨人喜欢的壁炉，曾登上《更美好的房子和花园DIY》（*Better Homes and Gardens' Do It Yourself*）杂志、《更美好的房子和花园DIY》圣诞专刊、《别墅和平房》（*Cottages and Bungalows*）杂志。原因就是我太讨厌它原来的样子，才在各种限制中作出改变。黑白相间的砖可以用作写写画画的黑板。

写给租客、过往旅客和现代流浪者

很棒的 11 个租房理由：

1. 每年（或者看你的租期），你都有机会决定是否搬家。别低估这样的自由中蕴含的价值，在我看来，这是租房最大的红利。

2. 你租住的小区被重新规划，决定修建垃圾场，或废水处理站，或核废料工厂，或其他什么可怕的东西，这令房东噩梦连连。遇到这种情况，你不续租就行了。

3. 租过的房子越多，越能体察自己的好恶。短时间内租住几套风格不同的房子，就像做实验一样，可帮助你收集有关自己对房子的看法，作为以后买房时很好的信息依据。多好的房屋实验啊，还不用穿实验室工作服。

4. 房子发霉了，房顶漏水了，管道堵了，没电了，白蚁成灾了，这些令人头疼的大问题都无需你花钱解决。每次有什么东西坏掉，就是在告诉你自己有多幸福，因为这都不用自己修。

5. 不小心把培根、奶酪掉进下水道，你也无需在意（我自己可没这么干过）。

6. 在我们镇上，每月拿同样的钱租到的房子比买到的房子好得多。所以在存钱准备买下一套房子期间，我们可以先租住在附带游泳池的好房子里。

7. 租客支付的保险比房主要少很多。

8. 租住的房子不是你喜欢的风格，或者不是你想住的第一选择（甚至连第十都排不上），这可以帮助你意识到：这个领域不是你的家。

9. 如果不可预期的事情发生了，薪水也不复以往，你也无需担心还不上房贷。只要告诉房东或想点办法，大不了再租个便宜点的房子。

10. 如果楼市崩盘，你就可以偷着乐了。这意味着你可以买一栋大房子了。至少房源更充足，可以花更少的钱租到更好的房子。

11. 租房住是你经历过的最可爱的限制之一。没有过多的选择还要实施装修，会迫使你爆发创造力。我最爱的一些创造性的努力，都是身为租客，在没有多少选择的情况下被激发出来的。

造成家。所以，不要梦想在以后的房子里过好日子来敷衍现在的住所。

接受限制，认识限制的本质，将其视为一种挑战而加以克服。不论你拥有的资源大还是小，都接受它，信任它。有选择性地发现限制带来的可能性，然后去尝试。创造美丽家居就是随着时间不断发展的艺术。越早开始，就越愿意去挑战风险，你就越能尽快学会创造美丽事物的本事。

照片墙可即时展现个性，是租客最好的朋友。

但是我不能改变现状

在我们现在的房子里（就是前面提到的因为我们在才称之为家的那个出租房），我首先注意到的是壁炉周遭。壁炉是黄色的，我说的不是那种柔和、透着樱桃粉的迷人的黄色，而是大黄牙的那种黄。我想改造壁炉，但是我们是租户。我刚刚提到了“但是”，注意到没有？要改善壁炉的外观，而同时还要保持炉火着得旺，我能采用什么临时又明智的手段呢？还是算了吧！

之后我花了几个星期（好吧，是几个月——我想了好几个月才找到解决办法），绞尽脑汁地想办法。这不是说我每时每刻都在全神贯注地想，但是我的思绪总是不由自主地关注与壁炉改造有关的事情，希望能找到解决方案。

后来，我偶然看到了乙烯基可粘贴的黑色硬板纸。这些黑色硬板纸就像以前我们用来包书皮的接触印相纸，只是要厚一些。我订购了一些，然后根据需要裁剪粘贴。我知道这么做有可能是白费劲，但如果效果不错的话就值得冒险。再说，除非效果很好，否则我也没必要向全世界宣布我要用黑色硬板纸贴壁炉呀。

结果出人意料的好！全世界注意啦，都来看看这么有意思的解决方式吧！如果一开始这根本不是个问题，我是绝对不会想出这么好的方法的。而且壁炉的内部空间大，燃气的火力柔和，贴上的黑色硬板纸用了很多年。如果不喜欢，我可以随时揭掉。

还有一点：当然了，我可以让贴上的黑色硬板纸一直保持朴素的本质，但是我还是发挥了它硬板纸的作用。我用白色水笔在上面画出不完美的壁砖。这样一来，我就把起居室里原本最不喜欢的东西，突然之间变成我向人炫耀的亮点。

我知道你现在想什么：等等，你不能这么做！不能用乙烯基可粘贴的黑色硬板纸贴壁炉！一开始我也是这么想的。但是我最终还是忽略了这种不和谐的声音，而且我很高兴自己这么做了。更意想不到的是，家居杂志也欣赏这种做法，拍照刊登了三次！我讨厌的壁炉现在成了展示品，更重要的是它成了我的心爱之物。我很高兴有这么个我不能接受，又有“但是没钱”做限制的壁炉，否则我怎能有动力去改变它？

最好的房间总是许多次反复试验呈现出的结果。

我发现人们对创造美居的创意过程很感兴趣，但是又不喜欢他们听到的真实发生的故事。我一直在寻找神奇的配方，一个逐步开展、万无一失的装修方式，但是那根本不存在。那些最好的房间都是我们不断实验、冒险，不断犯错，追寻有意义的美丽，在一大堆不想要的可爱限制中辗转腾挪，克服随时出现的“但是”的综合结果，是为了美洒下汗水寻找最好解决方式的结果。

希望上述所说能鼓励你，因为所有材料都是我们可以找到的，不论你想还是不想。

有太多的选择的“但是”

有几年，我家的卧室除了墙上刷了灰色涂料之外，一直没有装修，我准备好了从品趣志上下载的图版和一大摞的杂志，还准备了织物色板。那时候，我脑子里有那么多装饰房间的绝妙主意。但是苦于不知如何开始，就一直被搁置了。

去年，一家胶带公司向 DIY 博主发出挑战，做个用胶带家装的项目。他们的要求很简单，在我们自己家里使用胶带，没有范围限制。我有个毛病，总希望自己的项目是最有创意的，希望我的卓然天赋震惊四座，可以骄傲地说我做到了。我不喜欢花了大量时间却效果平平，没有任何冲击力。这样说比直接说我有选择性偷懒症委婉多了。但我更喜欢说自己能够聪明地利用时间。所以，我面临的挑战就是更有创意地使用胶带，在有限的时间内，带来有冲击力的效果。

你把胶带用到墙上？那种白色胶带？是真的胶带？不是涂料？当然是胶

白色胶带贴在墙上的非传统用法，吸引了《巴尔的摩太阳杂志》《更美好的房子和花园 DIY》圣诞专刊的注意。

带！我和丈夫专门拿出一个下午的时间，测量墙面、画胶带分隔线。然后，顺着一个方向按照划线贴胶带，然后再反方向贴就完工了。贴的时候我们也拿不准效果会怎样，不知道是否会喜欢，但还是觉得值得一试。装饰监管的警察至今也没把我送进他们有着铁栅栏窗户的时尚监狱，也没人嘲笑我不懂时尚（至少没人当面嘲笑过我）。而且如果去掉胶带，我们只需用砂纸打磨一下墙壁，再刷上厚厚的一层涂料就行了。完全值得一试！

卧室装饰就这么通过挑战“使用胶带”活动轻松完成了。我很高兴有这种材料使用的限制，否则卧室会一直保持原样，我也不会这么喜欢现在卧室的样子。现在，我还是会打开有着太多选择的长长的从品趣志上下载的图版看。

你知道怎样才能做到尽快在客人到来之前将客房装饰好吗？就是因为你没有选择。有时候给自己设限可以激发创造力。如果你需要这种推动力去完成客房的装饰，就邀请一位朋友下个月来做客。我敢打赌，用不了几个星期，你的客房就会大为改观。

时时都有选择反而不好应对。接受限制并选择在限制下装饰，是迈出装饰美居的第一步。问题是从哪开始呢？

第九章

一次整修一个房间

新的开始，总在今天。

——玛丽·雪莱

如何开始

装饰美居始于头脑，而不是家具店。

做任何事情，不是一开始就关注你需要什么，而往往是从认识你已经拥有的东西开始。我曾为追求不属于我们的东西虚度了几年光阴，为那些我不曾拥有的东西烦闷不已，这使我错失了近在眼前的正确选择。

提到创造一个我们一直向往的家，有三件事是大多数人认为至关重要的：

1. 每栋房子都有挽回的余地。无论你现在身居何处，家里总会有一些东西特别适合你：这可能是一些适合家用的功能或格局，也可能是一些你认为漂亮的东西。或许是有着开放式布局的厨房，或许是夏天兼做活动室的封闭式走廊。也许，你对旧式铅条镶嵌的玻璃窗情有独钟。有时，房子的可挽救之处就是因为房子存在一些可爱的限制。开始精心装饰房子的最好方式是对你已经拥有的东西心怀感激。

我们现在家里的起居室又长又窄。刚搬进来时我就想，怎样布置壁炉旁边双层窗户前的尴尬空间呢。另外，我还有三个孩子，需要在厨房的餐桌上写家庭作业。我们的餐桌就像一匹负重的老马，可谓劳苦功高。但是，由于所有的工作、家庭作业以及要洗的衣物全都堆放在上面，餐桌上几乎没有可以用来吃饭的地方。

这时，我想到车库里还有一个花了 40 美元从凯马特（Kmart，美国最大的打折零售商和全球最大的批发商之一——译者注）买来的旧餐桌尚未尽其所用。于是我又给它重新上了漆，放在窗户前面，又放了几个软垫座椅。一时间，所有人都开始争着要在起居室的这个“家庭作业专用桌”上面写自己的家庭作业。你瞧，我们又有了一个餐桌，它与另一个餐桌仅 3 米之遥，但是对我们全家来说，

我办公室里放着一个在旧货摊上花 75 美元买来的大型衣橱（这是一个从 Rooms to Go 家具店买来的西班牙木制品，喷有百色熊牌的表漆和底漆，在美国几乎每个家庭都在使用）、一个 85 美元就近买来的化妆台（里面放着几个篮子，漆成了与衣橱一样的颜色）、一张在旧货摊用 15 美元买的餐桌和一把使用了数年的软垫座椅。这里面没有一件是从办公用品商店买来的，但是，如果需要，它们中的每一件都可以在不同的房间派上不同的用场。

它非常实用，而且我努力地使它看起来更加漂亮。你知道客人来的时候怎么说吗？“真希望我家里也能放一张这样的桌子。”之前我视之为问题的东西转而变成机会，使我能做一些独特的事，造福全家。

不管你是住在公寓里，还是空旷得有点吓人的梦想之家，亲戚的地下室里、出租房里，抑或是一个装潢精致但与自己喜欢的风格相左的房子里，我相信你家里也会有类似的情况发生。或许，在你家里有那么一个舒适僻静的角落，放着一把小椅子和一盏台灯，或者有着漂亮的坡式天花板，又或者有一条长长的走廊，可以布置成挂满家人照片的照片墙。不要总是盯着家里的那些你不喜欢的东西，要学会寻找事情的积极的方面，不管是你已充分利用的空间还是错失的机会。每个家都是有一线希望的。

2. 每个人都有自己中意的家居用品。是的，我知道你的床很旧，沙发快要散架，或者你有一些很漂亮但不是你喜欢风格的家居用品。但我相信，这其中肯定有你喜欢的。即便你对家里的状态不太满意，我想，那里肯定也不是一座空房。你家里肯定会有一些家居用品，而且它们中一定会有极大装饰灵活性的东西。因此，你不必开车到家具城重新购置家具，相反，你只需将现有的物品充分利用起来。壁橱旁小小的化妆台或者阁楼上的木椅，重新刷漆后定会给你耳目一新的感觉。

或许你跟我的情况一样，资金有限，无法一次性买齐所有新家具。现在，我已经学会以不同的方式使用我现有的东西。你无须向世人宣告你在餐桌两端放了一对靠背扶手椅，直接放在那里，看看你自己是否喜欢。

最近，我刚刚把一个椭圆形的小镜子换成一个长方形的大镜子。因为我想做一下变动，所以我就调了漆，迅速地把它涂成了珊瑚色调。看到漆罐里完美的珊瑚色，我知道这就是我想要的颜色。但是，给镜子刷完漆后，我发现色调太过红艳，接近草莓色。于是我又加了漆料，但发现太黄。于是，我再加漆，发现色调像芭比娃娃一样，太过幼稚。最后，我又加漆，发现颜色已经惨不忍睹，就像呕吐物一样。现在，我的办公室就放着一面这种色调的镜子。虽然不是我想要的那个样子，但是还是比之前的好一点。如果接下来的几周我又想作些变动，我会再次改变它的颜色的。

3. 每一物件都具有内涵之美。这是所有空间中最重要的部分。房屋之所以不同于家，就是因为这些颇具内涵又极具个性的纪念品将它们区别开来。体现内涵之美的东西可以是：

- 书籍。
- 孩子们收藏的石头。
- 奶奶的缺口青花瓷。
- 丈夫的吉他和爷爷断了弦的小提琴。
- 放着往日信件的盒子。
- 玩具！什么？是的，放一些乐高玩具，或者在你的玻璃小动物园或花花草草中间

家居风格的建议：

这一章介绍将你的房子变成家即一个休闲、创意和美观之所的基本理念。如果你希望自己的家变成这样的地方，那么我可以就怎样开始你的装饰给你一些建议。

我绝不是希望每个人都会喜欢我的装饰风格，或者去模仿我的装饰风格——这只会更糟。你们肯定会做得比我更好。假如我们大家都喜欢同样的东西，这个世界将会相当无趣。只有电脑和机器人才需要按照预设好的清单和规则程序工作，而我们是有血有肉、活生生、独一无二和充满冒险精神的人。如果一个人的家特别漂亮，那么她在家居装饰时肯定没有完全听从我的建议，甚至与我的建议相反。有些时候，我们只是需要一些想法，促使我们开始自己的装饰之路。

放一些玩具恐龙。

- 收集的贝壳。
- 扁平餐具架。
- 照片。

内涵之美为美中之最。漂亮的花瓶很美，但是你祖母传下来的漂亮花瓶就更美、更有价值了。大多数人都将美好事物或秘密收藏，或束之高阁。考虑考虑这些你拥有的美好又充满意义的东西，想想怎样把它们装饰到你已经装修好的房间里。

该从哪里开始?

我发现，重新装修时，如果一次只专注于一个房间，那么对整个家庭、狗狗还有我自己来说，都会简单许多，压力也会小很多。我喜欢从我们一家人待得时间最久的房间开始入手。不过选择从哪里开始也没有对错之分。一些设计师说，要从主卧开始进行装修，这怎么会错呢？你不会后悔从主卧开始装修的。但对我来说，我的装修一直都是从起居室开始的，因为大多数醒着的时间里，我们一家人都是在这里一起度过的。之后呢，我大概就按照接下来几个步骤进行。

> 如果我的邻居把相同的房间另作他用，这也没关系。我现在要做的，就是要决定最适合我们家的装饰风格。

决定房间的用途

我做的第一件事就是思考房间的主要用途和其他次要用途。如果同样的房间，在我的邻居家用途和我的不一样也没什么关系。我开始决定什么样的安排当前是对我们家最好的。我们希望这间房间怎么为我们所用?

还是拿活动室做个例子吧。在现阶段，我们起居室的主要用途就是供朋友或家人一起消遣。不过，消遣在不同的时间会有不同的方式，比如说看个精彩比赛或者电影，围炉座谈，玩玩桌游，吃个披萨，逗逗小狗，喝点饮料等。除此以外，孩子们还可能会在这里写写作业，你可能喜欢在这里读读书，你和丈夫还喜欢坐在椅子上用用电脑。

确定了以上用途之后，你就会对房间的布置了然于胸：你需要有舒适的座椅，以便看电视和照看壁炉的炉火（或者你需要可以轻便地挪到电视机或者壁炉处的座椅）；你还需要一个供孩子们玩游戏的地方，一个能让孩子摊放作业本

这些年，我们家的起居室逐步改进，原来只有白色沙发套和白色墙面，现在变得像油画一般充满着美感。

的地方，几个阅读用的台灯，插座旁至少要有一把舒适的椅子。所有东西的材料必须是耐用材质做成，即使披萨酱撒到上面，也不必扔掉（对不起，这间房不能用丝质沙发）。

现在你知道了房间布置的大致方向，但具体该怎么做呢？

找到自己的灵感

在确定房间的主要和次要用途之后，建议你找到灵感的来源。弄一个从品

你是哪种思考类型的人？

有时对家的改变始于思想的改变。对自己的家不满意的人主要有两种类型：

想得太多的人

你不喜欢自己的家，你走出家门，看到了漂亮的小玩意，你非常喜欢。它不贵，但却能令你高兴，不管是出于什么原因，它带给你一些意义。你认为这就是你的风格。但你不会买，因为你不知道拿它来做什么。回到空荡荡的家后，你就想，为什么家里这么冷清，令人不快？房间是空的，桌子是空的，丈夫一直说让你买些东西，把房子装饰得像个家。你感觉应该回去买下那个小玩意。但你害怕做错，所以并未行动。你觉得，既然你没有冒险，你就是安全的，但是不冒险的代价，就是继续生活在一个不像家的家里。

考虑不足的人

你不喜欢自己的家，你走出家门，看到了漂亮的小玩意，你非常喜欢。它不贵，但却能令你高兴，不管是出于什么原因，它带给你一些意义。你认为这就是你的风格。于是，你买下了它。回到家，你把它放到咖啡桌上，与所有其他对你来说意义非凡的小玩意挤在一起。丈夫问你花了多少钱，你说就几美元，因此，你俩都没有发现有什么问题。但是，说真的，你该送回去，因为你的小玩意够多的了。你把时间和精力都花在小玩意上了，而这时你应该做的是刷墙，也或许你的家在某种意义上已经装修完毕，你这么做其实是在逃避自己打算做的下一件事。你觉得这没什么大不了的，不就是几块钱的事嘛，可以在下次庭院旧货出售时将其卖掉。五年后，你发现了买来的这些小玩意，然后在庭院旧货出售时以非常便宜的价格把它们卖掉，这竟成了你的兼职。

这些年来，我就是做事考虑不足的人。现在仍然改不了这个毛病。但这有助于我了解自己有哪些癖好。你是哪种思考类型的人呢？意识到自己的害怕和诱惑，不一定能对你如何装饰自己的家作出很大的改变，但却能帮助你开始并出色地完成家装。

我最爱做的事情之一就是清理房间。

趣志上下载的图板，撕几页你喜欢的杂志，找些其他方式把你脑海中喜欢的图像呈现出来。这么做不是为了让你复制这些图像，而是给你提供指导，以免偏离你的初衷。

夏日造访农舍回来之后，我有了新的想法，思忖着自己是否可以做些操作起来简单的改动，这样，即便房间空空荡荡，也会让我喜欢上家中的画布和房屋构架。

这么多年来，由于我们租住的房屋没有什么个性，我曾用大量可爱的装饰品将其塞满。没有漂亮的壁炉，我就在壁炉架上挂满了各种最流行的饰品，以此来掩盖壁炉。可这样一来，壁炉那里不仅看起来不漂亮，而且简直是凌乱不堪。

我需要准备好我的画布，之后再添置其他东西。

清理房间

于是我整理了房间，营造出安静的空间。有时，房间里塞满了各种日常用品，这些年来我们对此司空见惯，以致我们甚至都不了解自己到底有什么。我们只见树木，不见森林。或者，只见可爱的抱枕，却不见沙发。

我最爱做的事情之一就是清理房间。每年，我至少要对每个房间清理一次。尤其是从农舍回来后，我特别热衷于这么做。如果你属于那种凡事考虑过多而不行动的人，或许没有那么多东西可以从房间拿走，但这仍然是个好的锻炼机会。

首先，在房间附近找一个能放东西的地方，这个地方不能挡道。当找不到地方存放我们需要的东西时，就可以放在那里。这样做既不会影响生活，

上图：农舍：我的灵感之源
中图：能让你内心融化的天花板
下图：让你流连忘返的窗户和地板

开始行动——未改造之前我家的客厅

也不会让家人抓狂，或者吓到小狗。

接下来，把家里除地毯、家具、灯具或墙上挂件（窗帘和艺术品可留下）以外的物品都清理掉，拿掉摆放在饭桌、壁炉架、搁脚凳上的乱七八糟的东西，扔掉那些盛放杂志的储物篮、照片框、报纸、账单以及女儿做的陶碗。清出抱枕、小毛毯、拼图、旧书，搬出绿植、蜡烛、玩具等诸如此类的东西。

现在，你的房间应该敞亮多了，只有艺术品、家具、窗帘和一两盏灯或者四盏等（假如你和我一样的话）。

住到乡村农舍后，第一次清理房间，我就意识到自己在为家定基调方面是多么依赖小摆件和那些体现个性元素的小饰物。家庭活动室里的那些小饰品，都是我长期以来从各个地方搜集而来的。一清理完这些东西，我就意识到，其实我并不喜欢我看到的景象：墙壁需要刷新，窗帘已经过时，还有一堵宽阔的大墙，对于该怎么处理它，我一点想法也没有。我们在这里租住已经两年了，家具早已不是我喜欢的风格，墙壁我也不想重新粉刷。因此，作为补偿，我不断地买来许多价格在 10 美元的小装饰品摆在家里，心里想着，或许下一个美观廉价的小物品就能让我的家看起来好一点。

我真正想要的是与现在地板颜色不同的木地板、高大的壁炉架以及用石头砌成的壁炉。如果这是我们自己的房子，这些东西都是我当时本来可以考虑的。坦率地说，我认为我们租住的房子过于普普通通，缺少必要的装饰，没有漂亮的框架。它就像一张空白的画布，我该怎么做，才能创造

清理家庭活动室时我的临时存放区

出美丽家园呢？同时，我也可以看到，改变一下椅子的样式，更换一下窗户的样式，新刷一下墙面，做出一面挂满有意义的艺术品的照片墙，这一切能给房间带来极大的改变。当然了，既然我们是租房住，这就需要我格外有创意，并且不能所有的家具都买新的。我需要想办法把我们的出租屋变成心爱的家，而且这一切花费不能太多，方法必须简单易行，利于租客采用。

进入可爱的限制

清理房间还可以帮助我们找到自己的心爱之物，它们被埋在杂志堆里或藏在针织线毯之下。没有了杂物，我们得以一观房间原貌，决定哪些应该保留（或稍作更新），哪些应该彻底退休，哪些亟需添置却拖延至今。比如，将家庭活动室清理完毕之后，我意识到自己对沙发的座套感到厌倦。但这套沙发宽大、舒适，并没有必要把它换成新的，只要对它加以改造升级就行。几个月后，我召集朋友，开了个做沙发套的聚会。12 个小时之后，我家的沙发就有了白色的新衣。

房间清理之后，要至少保持 1 天，让自己体会一下清理后的感觉。家人对干净桌面的渴望总是会让我感到吃惊。有一次，我刚刚把家庭活动室清理完，

第二次去农舍后清理过的房间，以及房间里罩着沙发套的沙发。后来搬家我一直带着它。

儿子们就把乐高玩具拿到刚刚清理干净的咖啡桌上玩。从此，我再也不把家庭活动室的咖啡桌非得设计成什么“样式”了。我不再在上面摆满各种装饰性物件，让它们挤占我们需要的空间。日常生活远比给咖啡桌做出各种造型更重要。再说了，如果我能布置出一个有我喜欢的油画般意境或构架的房间，那么，有没有一张时尚的咖啡桌似乎也就无关大碍了。

准备画布

看着清理之后的家里留下的东西，这时你或许会发现，有些空间需要填充，以便家人更好利用，是时候作点改变了。既然不管怎样都要改变，为什么不从外观和功能两方面都作些变动呢？那就找些既漂亮又对家人实用的东西吧。

这些年来，家里的东西清理之后，我已经在脑海中列出了我想作出改动的地方：做些醒目的窗帘，换个沙发套，墙上挂一大幅有意义的画，添一把舒适的椅子，房间刷些白涂料，使粉色的地板不再这么扎眼。

突然，这世上最便宜、最普通的窗户成为美丽的焦点。

有一年，我决定把家里与起居室邻近的餐厅后面众多的窗户利用起来。我撤下所有的百叶窗，贴上标签，把它们放在阁楼上。然后我用浅白色和绿色涂料刷房间，来中和地板的粉色。（我进行了大胆尝试，决定帮房东个忙，在盖房子时刷的薄薄的涂料外层之上，又刷了一层涂料。）

突然，这世上最便宜、最普通的窗户成为美丽的焦点。我决定不挂任何窗帘，因为这样就很漂亮。幸运之窗。这间多窗而又没挂百叶窗的房间，一下就变成了漂亮的空白画布。我又把餐桌和橱柜刷了几次漆，换了崭新的大吊灯，再配上不怎么昂贵的宜家椅子，我终于有了自己喜欢的家。

之所以能作出这些改变，是出于下面两个原因：（1）我找到了灵感的来源，它激发了我的积极性，带给我很多启发；（2）我清理了房间，评估了我现有的和需要添置的东西。

相比之下，起居室的改动花了我较多的时间和精力。我需要再添些座位，再增加几处空地和几件更大的艺术品。但我并没有跑去家具店。去家具店没什么意思，而且那里也不是花去我预算的最好地方。相反，我花了很多时间创造一个房间，尽管有诸多受限之处，但它既能代表我们家的特色，又能让家人乐

提示：刷白色漆时，采用蛋壳状装饰，而且粉刷墙面和墙上的装饰时，要使用同一桶漆。

在其中。当然，我也允许自己冒些风险，比如破坏掉几件 30 美元的家具。

我找到了很多方法，可以将家里装饰得漂漂亮亮，而又不需花费大笔的钱。下一章将介绍这些方法和技巧。

第十章

请坐

这个房间以前就是个杂物间，直到有一天来了位不速之客，需要在这儿过夜。于是，我搬来了旧椅子和梳妆台，铺上几块小地毯，放进来一个木墩，搬进几盆绿植，墙上钉些好玩的白色装饰带，在地板上铺上床垫，上面铺上中性色调图案的亚麻床单。这样，一个临时客房就布置好了。

是什么不重要，重要的是能变成什么。

——苏斯博士《老雷斯的故事》（*The Lorax*）

房间装饰省钱策略

一旦我允许自己多花点时间，可以犯错，做个精明的购物者，那么我就可以自由地打造漂亮、有意义的房间，并且享受其中的乐趣。如果你看家具广告，会看到这样的广告词："现在能买得起的款式"和"直到2045年才有利息"。若你只看广告，或许你会这么想：（1）人们总是一天里、一次性把整个房间的家具全部换掉（而且，为什么不省点事，在一家店把东西买全呢？）；（2）购买全屋家具用现金支付是不明智的。

如果你喜欢，完全可以从Rooms to Go（美国家具连锁店——译者注）家具店把房间的所用家具都买下，这没什么不妥。但是，如果你喜欢这个房间（包括家具、茶几、枕头、地毯和灯等），而且房间所有的东西都是从Room to Go一次性买来的，那么，你就不会读这本书了，是吗？

我们很多人对家的期望，绝不仅仅是一套搭配完美的家具。我们希望它不仅漂亮，而且有意义，具有内涵之美。但是由于我们往往感觉无从下手，因此，一次搞定房间里的全部家具，有时反而更简单，而且会是个不错的方法。条件是这么做可以解决问题，合情合理，省时省力，无后顾之忧。但事实往往是，我们仍然会心存不安，因为这样的家无法体现我们的个性，或者缺少美感。

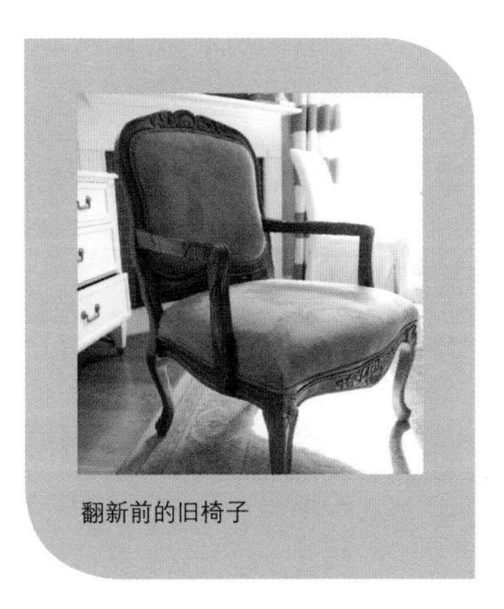
翻新前的旧椅子

一天就买下房间所需的所有家具的做法，还有

我最喜欢的房间大变身

这只需将原来古铜色的一对椅子的椅背和椅腿涂成白色，将原来原木色的衣柜漆成蓝色，把原来适宜小女孩房间的法国乡村风格的白色梳妆台装饰得更加华丽，再把花 200 美元买来的布料做成的沙发套换上，整个沙发焕然一新。

左上图　翻新前：从救世军二手店买来的两把扶手椅（40 美元一把）。

左下图　翻新前：从庭院旧货市场花 18 美元淘来的梳妆台。

右上图　翻新后：椅子的木扶手、木腿和梳妆台都被漆成了白色，再配上一对清理干净的旧玻璃台灯，整个房间焕然一新。

另外一个坏处：五年后的某一天，你会对房间内的所有东西都感到厌倦。那一天将会多么可怕啊！这样看来，慢慢对房间作些变动，岂不是更容易呢？

很多方法可以避免这样的坏处，这就是我要用一整章来讲省钱窍门的原因。不需要把下面所有的窍门都用上，仅选其中适合你的一两个，融入你房间的布置即可。你一旦明白了自己的目标不是把房间装饰得十分完美，这种完美往往是虚假的，那么，即使预算紧张，你也可以打造出漂亮的空间，而且其中充满了乐趣。

下面是我在装饰我家时使用过的一些策略，它能使你避免陷入欠债的境地，避免与丈夫发生口角，或者避免你因买了什么而心生内疚。即使拥有世上所有的钱，我依然会淘一些二手物件来装饰我的家。没有哪个家具店能复制出古老物件蕴含的深层之美及其所承载的故事。此外，即使我们不再是贫困大学生，不需为了生存而艰难度日，我们要优先考虑的仍然是省钱和慷慨。

即使拥有世上所有的钱，我依然会淘一些二手物件来装饰我的家。

以经济省钱和富有创意的方式来装饰我们的家，这是负责任的表现，也是充满乐趣的过程！让我们行动起来吧。

翻新

每人家里都有几件家具。是的，我知道，你认为它们都不对劲，其中一半是你所讨厌的，另一半则破旧不堪。颜色难看，布料磨损，表面抛光不是金色就是银色，或者不管它们是什么颜色，都在提示我们，它们已经过时了。所谓翻新，指的就是改变一下你拥有但不喜欢的东西，使它们变得更好。

想想家里你所喜欢的家具，你喜欢它是因为喜欢它所体现的感情价值、功能还是大小？考虑一下是否可以作点变动，使它更符合你的风格。也许你可以换个把手，买个新灯罩，给它刷层新漆，把它的毛病修好，或在某些方面装饰装饰它。请记住我们在《风险》这一章中谈论过的内容：从小事做起，之后逐渐作出更大的改变。你不能毁掉自己不喜欢的东西。

自己动手做

看到朋友最近展示的某种东西非常漂亮，你非常喜欢，但因价格太高，你承受不起。那么，你完全可以自己动手来做。

通常，自己动手做的东西是那些我们认为需要承包给他人去做的项目。但是，只需轻轻点击，我们就可在谷歌和优图比上找到各种非常棒的教程。让我们一步步来，试着自己动手做下面的事情：

- 粉刷墙壁；
- 给台灯换根电线；
- 在房间钉上木板和板条；
- 给餐厅的椅子罩上椅罩；
- 给浴室镜子加上镜框。

我们给我的新办公室订了木板和板条。（嘘，是装在出租房里，假设房主会像我们一样喜欢它！）我们是周末做的，耗费了一定的时间，但每一步都很简单。

海报纸做成的云隙阳光形镜子

旧货店淘来的价值 20 美元的椅子、免费树桩桌几和 8 美元一盏的玻璃灯的重新组合。其中一盏灯是自己动手新换的电线和灯罩。

破解它

一定有你爱上的东西，比如，一个价格不菲的枕头，一件拼布缝成的椅罩，一幅意义深奥的抽象画。可是，你买不起，所以你要想办法将其破解。（我喜欢“破解”这个词，它听起来既有趣又邪恶。）你想出一个办法，以快捷的方式，做出同一类型的东西。在本书中有很多照片，拍的是一些我最喜欢的破解他人的作品而做成的物件：用海报纸做出来的云隙阳光形镜子，我津津乐道的卧室的布基胶带墙，吊灯上的从旧货摊淘来的二手水晶，还有宜家漂亮的装饰窗帘。

成为旧货甩卖的忠实粉丝

有人说：“我去过旧货市场，在那里没有淘到任何自己喜欢的东西。”听到这话，我会感到局促不安。你不去的话，肯定淘不到好东西。旧货淘家是一个自选性的群体，他们甘愿在寒冷的星期六早上早起，将车停在陌生的他人房子旁，穿过湿漉漉的草地，在一堆不喜欢的旧货中翻找，如此重复可达二十次，就是希望能淘到一件令人不可思议的宝物。不是每个人都能如愿，但如果你坚持下去，通常会得到回报的。我办公室用的那张花 15 美元淘来的白色桌子，还有前面“翻新”部分提到的有照片的白色梳妆台，以及图书室的桌子，这些都是我最喜欢的从旧货市场淘来的宝贝。

爱上旧货店

一天，邻居来我家串门，问我办公室里的蓝色梳妆台是在家居连锁店 Pottery Barn 上买的吗。我非常自豪地告诉她不是，它是我在旧货店花 85 美元买的，买来后给它重新刷了漆。然后她说了一句匪夷所思的话："我相信，你每次去旧货店，都会有收获。"可事实并非如此。

如果说有所收获的话，那么去十次旧货店，也许只有一次能够淘到值得买的东西。

要想在旧货店买到真正可用的好东西，你必须愿意承受有 90% 概率的空手而归。在我孩子小的时候，我并没有时间去逛旧货店。但现在，我可以在不到二十分钟时间内快速地逛完两家旧货店。如果我想逛的话，我一周可以逛一到两次。

人们往往有这样一个误解：可以在旧货市场以某种方式淘到东西的人，能够看到别人无法看到的东西。事实上，与其说能在旧货市场淘到好东西的人是有远见的人，不如说他们是忍耐力极好的人。出于某些原因，我们能够一次次地进入旧货店，每次都要经过相同的脏兮兮的拐杖和充满水渍的颗粒板书桌，目的只是来看看自从上次来后有没有新东西进来。真的，这绝对靠的是一种顽强性、坚韧性。

利用 Graigslist 网站

Graigslist（是美国最火的分类网站，所有信息的发布都是自由和免费的。该网站上没有图片，只有密密麻麻的文字，标示各种生活信息——译者注）网站并非都是"宰人的"。在这个最常用网站

上图：擦掉桌面上的各种标记和指甲油后的西榆（West Elm，美国一家高端家居用品零售商——译者注）书桌，它就放在卧室里。买它时，我只花了 30 美元。

下图：未改造之前的西榆书桌

古老的旗鱼：在 Graigslist 网站花 350 美元高价淘来的宝贝。

上，人们可以找到一些最好的东西。心脏承受能力不强者勿试。你必须是个勤奋的淘宝高手，要仔细浏览许多并非你想要的东西。另外，还要容忍那些自以为无需贴图就能卖出家具的人。

我浏览 Graigslist 网站是因为我想为家里添两件特别的东西。其中一件是旗鱼。我是看着挂在祖父母家墙上的旗鱼长大的，所以我对剥制术做成的鱼标本有着美好的回忆。（挂在墙上的旗鱼标本能让我开心，这件事本身也告诉我一个道理：儿童时代的记忆会与任何东西联系在一起，不需要它有多么奇妙或多么漂亮。这一理论也解释了为什么我喜欢香烟的味道。我不吸烟，但我很少介意别人吸，因为烟的味道使我回忆起与祖父母在一起的美好时光。抱歉，我跑题了。）

不管怎么说，Graigslist 网站促使你为找到好东西而付出努力。但是，如果你愿意与卖家来往几封邮件，明知你可能会讨厌所看到的东西，还愿意与朋友驱车去某个地方，那么，你会找到一些特别棒的东西。在 Graigslist 网站搜索时，一定要使用所有类型的词语来寻找你想要的东西。如果你正在寻找切斯特菲尔德沙发（Chesterfield sofa，是一种起源于英国的标志性风格沙发，特点为有等高的扶手和靠背，经典的拉扣设计，以及流畅的造型曲线——译者注），你需要搜索“长沙发”“双人沙发”和“簇绒的”。你要站在卖家的角度来考虑，因为他们或许不知道或不关心物品通常叫什么。

重新布局

我们不必拘泥于家具的摆放模式。梳妆台不是只能放在卧室里，它们也“喜欢”被放置在厨房里、大厅中、进门长廊的墙边、电视机下面、壁橱里面，甚至浴室里。你或许见过门被悬挂在墙上用作床头板，要知道，所有家具都喜欢不同寻常的摆放方式。

可以在餐桌的尾端摆上两把无扶手的单人椅，床尾摆上沙发的配套茶几，再在墙上挂一块小装饰毯。

物品交换

我敢肯定你认识一些人，他们拥有你没有的技能，而那些人认为你也拥有他们不具备的技能。或许你是个会计师，乐意为你的油漆工整理税务；作为交换，他为你粉刷你家二层小楼的门厅和客厅。或许你帮身在国外的朋友照顾了宠物

不断变化的起居室

装在横杆下一旁的折叠门，以防三个小孩用脏兮兮的脚蹬踏墙体。

狗; 作为交换，她为你重新给椅子装饰椅面，因为她恰好是一位技艺精湛的家具装饰工。在没有钱的情况下，有许多方法可以进行物品和技术的交换。

几年前，我为一个朋友的房子做了筹划设计，作为交换，朋友请我享用了美味的家庭晚餐。

花 30 美元买来的图书馆书桌

我的朋友“快乐的安琪拉”是一名耐心的艺术家，她曾为无数的家具上漆并出售。在我们家里，咖啡桌是每天使用最多的家具，所以，当我在一家旧货店发现一个 15 美元的桌子，而桌子的表面抛光有点问题时，我让她帮我把桌子上漆，并承诺日后我会为她做一些事情。虽然我经常会自己动手为家具刷漆，但是为这张桌子抛光似乎有点棘手，因为我仍然处于练习家具刷漆技巧的阶段。刷完漆之后的桌子，效果令人惊异。（一想到这件事，我就感到依然欠她一个人情。）

我最喜欢与之进行物品交换的人，就是我自己。要做到这一点，你甚至不需要拥有多重人格。几年前，我丈夫想要一台新的电视机，当时我们的电视机是一台体积庞大的立方体老古董。我知道他说得很对，是时候更新换代了，他的要求一点儿也不过分。但我们不想打乱预算，于是我们和自己做了个交易。

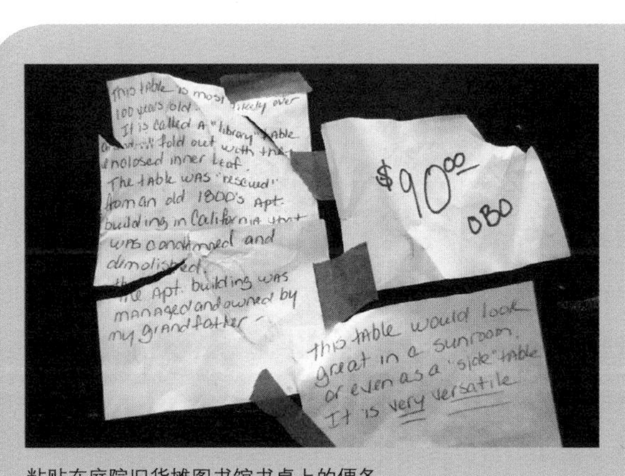

粘贴在庭院旧货摊图书馆书桌上的便条

一月份，我们付现金购买了电视机，但取消了半年的有线电视费，直到我们收回电视机的成本。这种做法极具魔力，那年年底的时候，我们感觉就像免费得到了一台电视机一样。

有时候，物品交换之所以能进行，就是要为某件东

上图：我拍了这张照片后发现，我并不喜欢钟表摆在那里，所以就把它移回了原处。

下图：这两个坐墩，一个150美元，一个25美元，你能分辨出哪个是哪个吗？

西寻找一个美好的家。有一天，我和妈妈出去逛庭院市场，发现了一张引人注目的旧图书馆桌子，就是我在前面提到过的。我非常喜欢它。桌子的主人也是如此。这张桌子是她的祖父早些年在他的一所房子里发现的。但是上面标价90美元，这样的价格对于我来说太贵了，所以我们离开了。几个小时后，我妈妈给了我一个惊喜，她买下了这张桌子。只花了30美元。原来，这个卖家非常想找到一个和她一样深爱这张桌子的买家。我妈妈成功地说服了她，让她相信这个桌子在我们家会得到悉心爱护。

做一个会挑选的人

要有《美国发掘者》电视真人秀节目里弗兰克和麦克的心态。他们时刻在寻觅好古董，即使是在去吃晚饭的路上。当你大脑处于房屋装饰模式时，要允许自己注意适用于房子的一切东西。你的大脑会为你完成这一切的。留意你家里有可能会用上的任何东西。所以，不管你是在父母家的阁楼上，在朋友家里的旧车棚里，还是驾车路过邻居搬家后遗弃在路边的一堆家具，或者是丢弃在垃圾场的旧东西，如果你看到可能会在你家里有用的东西，想想怎么样可以把它们利用起来。你要时刻保持善于发现的状态。

变换家具位置

我最喜欢的居家布置方式之一就是变换家具的位置。这给我一种感觉，好像我又有了新的家具。试着把客房里很少使用的梳妆台移到门厅，断定在那里它看起来非常合适，这么做非常让人激动。因为这是最接近免费拥有新家具的方式。

整整一年的时间，我确定我的沙发在房间的角落里会看起来非常的不美观。最后，我决定把它挪到那个地方“看一看”。我花了8分钟的时间搬动各种东西，指甲盖都磨掉了，还微微出了点汗。一切就绪后，我发现这个角落正是最需要放置沙发的地方。之前我曾测量过，曾在脑海中想象过，也曾咨询过朋友，但一切都表明，沙发放在这个角落不是个好主意。但直到我把它搬到那里后，才发现沙发放在这个角落是完美的。

要挪动那些东西只需花几分钟的时间。挪完后不合适你可以再将其挪回去，没有人知道你挪动过。挪动挪动你的东西吧！这是你在家里能做的最自由、风险最低的事情了。

此外，如果你留意本书中的照片的话，就会发现，我挪动家具是司空见惯的。

小贴士：仅仅是为了“看看”效果而挪动家具的时候，记得拍几张照片。有些时候通过照相机的镜头看房间，会让你更加清晰地看到房间布局的效果如何。

逛房间

逛房间和挪家具是一对欢乐的小姐妹。在房间里四处逛时，要让自己有不住在这里的他人的心态。如果这么做有用的话，可以假装自己是个杰出的设计师。在家里四处逛逛，查看每个房间，就像在逛一家商品全部免费的商店一样。

比如说，你走进卧室，看到一盏已经放了有些年头的灯，年头久到你甚至都感觉不到它的存在了。这时候不要对自己说，你不能把它放到起居室里，因为它在你卧室里待得好好的。不，你要告诉自己，你要马上为这盏灯在家里找到一个最适合它的地方，而这个地方不一定非得是卧室。在逛房间的时候，为了给你的漂亮家具找到最好的放置方式，你可以随意尝试任何房间里的任何东西。逛房间是创造美好家居过程中我最喜欢的部分之一。

我知道你在想什么：这不就意味着房间里的每一样东西都随时可以被调整，不停轮换了吗？不错，确实如此！难道你不觉得这样做很有趣吗？但也不是非得如此。简单地说，你想让家里的每一样东西都放在最合适的地方；一旦找到了这个地方，你就可以放松不去管它了，除非你会不停地买新东西。

我喜欢用优先配给制度（priority system）来帮助自己为家中所有东西找到最合适的地方。

在家里转转，找到每间房里最重要的那面墙。通常会是你走进房间时首先看到的那面墙。在我们家的起居室里，壁炉墙是最重要的一面墙。虽然它是房间里面积最小的一面墙，但却是一面从其他房间里都能看到而且正对大门的墙。如果这面墙装饰得不好，整个房间就黯然失色了。

所以，逛房间并为某个房间寻找适于它的物品时，房间里最重要的那面墙就会有优先使用权。如果有一幅画，挂在壁炉墙上或者其他墙上看起来都不错，你觉得哪面墙具有优先使用权呢？肯定是壁炉墙，因为它是最重要的。

对整栋房子你也可以这么做。如果有面镜子放在客房或者门厅都不错，那么你必须决定哪个房间最需要这面镜子。这可能意味着你要把镜子从放了很久的地方取下来，虽然放在那里看起来非常不错，但把它放到另外一个地方，它会看起来美到令人惊叹。

优先选择权不仅对墙壁适用，你还可以对房间进行优先等级排列。有时候，生活中的一件事或者一个阶段都可以享有优先权。比如夏天你有客人来做客，那么如何为他们提供好的食宿就会成为你要优先考虑的事。再比如，你打算要个宝宝，那么赶快把婴儿室建好就是最优先考虑的。优先选择没有对与错之分，你需要确定什么优先，然后选择在哪个地方使用哪些东西。

不要再纠结于家里每个东西只能有一个放置地方的想法。家里的绝大多数东西在很多房间都会看起来很合适。你的工作就是要为每样东西找到最合适的地方。

“窗口虐待”

对美妙的窗帘世界有所了解，知道窗帘有众多选择且可以按需定制后，我就希望有一天可以拥有私人定制的窗帘，配以我亲手选择的丝质面料。八年前，机会终于来了。那时候，我们生活在我们不完美的普通梦想之家，我和丈夫决定重新装饰一下起居室。我们订购了一个新沙发（下一章会讨论哪里可以花钱，哪里可以省钱），我找到了一块地毯，接下来就是窗帘了。

我们都有各自的嗜好，但很显然窗帘不是我的嗜好。

我买了足够的丝制布料，可以将整个窗户遮过来。我有个朋友，她是位设计师，可以使用工作室，在那里，一些专业缝纫师为设计师做纺织品定制的缝纫活。我打算请她帮忙，以确保我的窗帘尺寸、规格都是正确的。这些窗帘会让我的窗户看起来像百万美元打造

窗帘扣环（可在窗帘五金店过道里找到）

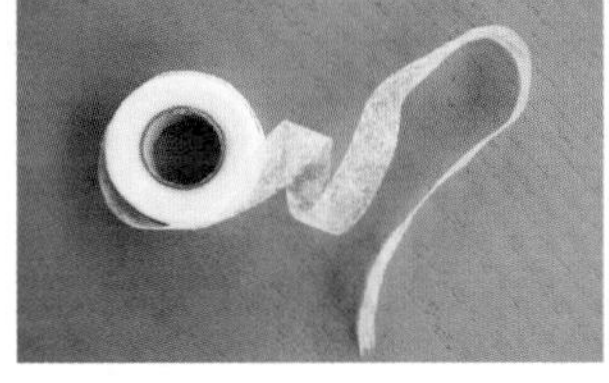

褶边胶带

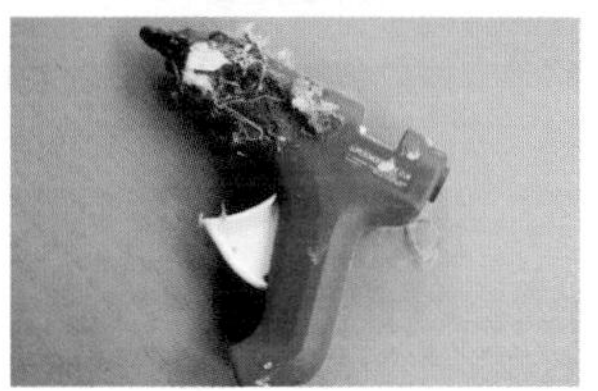

我喜爱的喷胶枪

的那样美。

我把布料带回家之后，在窗户旁边弄上插销，试着去感受它看起来会是什么样子的。由于想象挂起来是什么样子有点难，于是，我把窗帘穿在已经挂好的杆子上，然后展开——窗帘的长度足以接触到地面。哦，要的就是这样的效果！我能感受到这些窗帘将会非常漂亮。

我这个人非常没有耐心，所以我决定，既然多买了一些布料，那么从买好的布料里剪下四节也不会有什么关系。没准工作室的工人还会感谢我为他们省去了一个步骤呢。

我们不仅将窗帘杆装好，而且还在杆上装了扣环。于是，嘿，我想我可以继续下去，将四块丝制窗帘快速夹上夹子，就为先看看挂上会是什么样子。将四块窗帘夹好之后，为了使其更美观，我将其边缘折叠到里面。经过五分钟的

用粗糙裁剪、织物胶粘贴装饰的宜家窗帘

整理，我可以自信地说，这些窗帘完工后看上去会非常漂亮。我太喜欢这些织物窗帘了，就这样挂着保留了好几天呢。

后来，我的设计师朋友来玩。她进门的第一句话就是："我喜欢你的窗帘，你竟然自己做完了！"我带她到窗户旁，给她看窗帘的毛边，还有那些匆忙剪下的布料，没有衬里，没有包边，剪裁不整齐，没有粘接起来，未添承重物。但她说，这些窗帘看上去真的像那么回事。我们都大笑起来。

那天，她走后，我久久地、仔细地看着我的窗户。她说得对，窗帘看上去的确像是完工了。事实是，它们几乎是 90% 的成品。但我仍需要花钱在内里、夹层和人工上。相比花钱请专业人士把这些窗帘真正完工，我所做的这些还不到 50%。即便我们有钱，我也不能说服自己花钱去请人完成剩下的 10%。而这就是为什么说"窗口虐待"会出现。

自那天起，我就认可了我窗户上那已经足够好的窗帘。我们都有各自的嗜好，但很显然窗帘不是我的嗜好。我的窗户上挂的或者是用夹子加起来、毛边的布料，或者是便宜的白色床单，或者是宜家窗帘，前提是我心情异常的好。自从我的"窗口虐待"开始，我们住过的每一栋房子，都会有百叶窗，所以，窗帘就真的只是装饰而已。如果有人来我家，走到窗户前，将窗帘翻过来仔细审视之后，决定我不配做他们的朋友，我会欣然接受。窗帘帮了我们大家一个忙。或许我应该将所有潜在朋友都请到我的窗台前，让我的"窗口虐待"测试一番。

充分利用大自然的馈赠

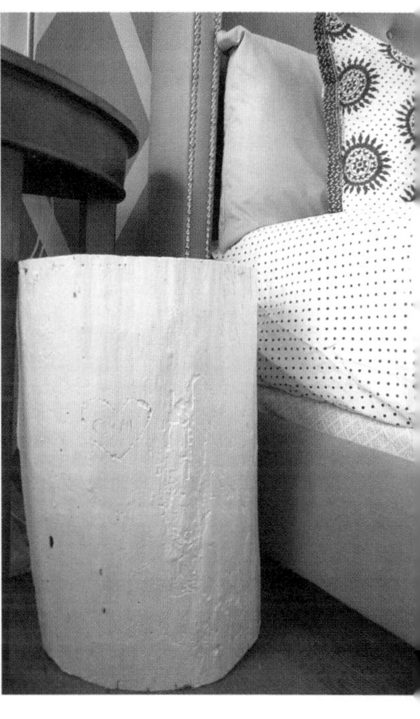

树枝、树桩、苔藓、羽毛、鸟巢和精美的石头，这些都是现成的家居装饰材料，可以为你带来很多的乐趣。我甚至还在后院的小溪旁割过杂草。噢，我甚至驻车在马路边采过野花。我也曾走进一家商店，询问他们是否愿意把店门外灌木丛中的绣球花卖给我（当然，他们没有收我的钱）。一截简单放在花瓶里的树枝，就是我们家最精美的餐桌摆饰之一。

我家里现在有 9 个树桩餐桌，是的，都是真的树桩。对，你没听错，我对树桩有些痴迷。一开始，我用我们家后院砍倒的树的树桩，如今，朋友和邻居都会给我一些树桩。就像雪花一样，没有完全相同的树桩。但又不似雪花，因为你可以把树桩带回家，享受它们带来的乐趣。

我喜欢树桩，因为你只需要一个电锯（有时甚至连电锯都不需要，因为如果是朋友送来的话，他们往往会给你锯成合适的大小）、些许时间、砂纸，或许还要一些油漆，就可以做成个边几了。我不是树桩方面的专家，但如果你想让你的树桩外观更好、少生虫的话，你可以先将其在车库或棚屋放一年左右，这样树桩里的小生物就基本没有了。当然，还有很多木桩去虫和密封的方法，但我并不是专家，所以我建议大家去谷歌搜索一下（这是我在本书中第二次提到让大家去谷歌搜索了。你花钱买了一本书，书中却建议你去谷歌搜索，你不喜欢这样的建议，对吧）。之后，你可以把树桩的皮去掉（如果你想的话），用砂纸打磨（非常值得做），放置一段时间，上色、刷漆，甚至加几个脚轮。我甚至还在一个树桩上刻过我们一家人姓名的首字母呢。

如果你往家带了一个生有很多白蚁的树桩，本书作者对此不负有任何责任。一切费用，请自行承担。

留意销售网站

一旦我们不再坚持完美主义，就可以买一些略带瑕疵的东西了。

在杂货店买东西，店主往往会赠送各种赠券作为一种促销手段。随着赠券的出现，赠券使用者备受瞩目。但我们的家具购买者也可以。像 Groupon（高朋网，美国的团购网站——译者注），以及 One Kings Lane、Joss & Main 和 Zulily 等闪购网站每天都会提供许多家具和家居用品的优惠。这和日常的购物并无两样，你不能期望所有商品的价格都是最低的，但如果谷歌一下（我又提谷歌了），你马上就会知道你在看的商品是不是价格最实惠了。此外，如果你经常使用像 facebook 这样的社交媒体，你可以利用网站提供的推荐码，告诉你的朋友你买了什么，久而久之，如果你的朋友也到该网站购物了，你就能赚取商店积分，实现双赢。

神奇的某天，好运来了，因为向朋友推荐，我得到了 10 美元的 Groupon 购物优惠券。我申请用它购买价值 30 美元的 One Kings Lane 商店优惠券——在 Groupon 上只要 15 美元就能折价购买。听明白了吧。我只掏了 5 美元就买到了价值 30 美元的 One Kings Lane 优惠券，又因向朋友推荐，我又得到了 15 美元的 One Kings Lane 优惠券。这样，我只花了 5 美元，就从 One Kings Lane 网站上购买了价值 45 美元的家居商品。使用赠券的游戏并不适合每一个人，但我们中有一些人认为，这样的挑战非常有意思。

耐心与时尚交友

通常，当某样商品成为爆款（像孩子们说的那样），不出一年，哪怕在最廉价的商店里，你也能找到复制的同款。塔吉特百货（Target）在商品流行后不久就低价售卖同款流行商品，这甚至变成一门艺术。

一对蒲团

安琪拉家的大厅

举个我家最近发生的事情为例：几年前，坐墩特别流行，几乎每本杂志上都刊有坐墩的照片。可不出一年，你就发现，一开始要 150 美元的坐墩，在当地折扣店只花 20 美元就能买到。

通常，潮流实际上是永恒的。坐墩不是新发明，前几年很流行的蒲团也不是。很显然，由于我还没摆脱潮流的奴役，我当时买了个新蒲团。但同时，我也发现了一个价值 8 美元的二手老式蒲团。如果你愿意花些时间多逛逛，大多时候是可以找到当前流行款的旧款的。

做一个非完美主义者

一旦我们不再坚持完美主义，就可以买一些略带瑕疵的东西了。

有好几年了，我一直想买一条牛皮地毯，但想到要花费几百美元，就一直没买。有一天，在一个跳蚤市场上，我发现一条牛皮地毯只要六十美元。唯一的问题是什么呢？牛皮地毯缺了一个角。对此我并不在意，因为我终于有机会拥有一条牛皮地毯了，我知道，我得想办法用一件家具把它盖住。

我的朋友“快乐的安琪拉”非常了解非完美主义的微妙艺术和价值，她家住在二层小楼上，看起来很有层次感，也很舒适。因为她愿意买一些二手的、

安琪拉的实例证明，你可以将各种织物进行混搭。

带有污渍的废弃被面，之后把它们做成枕头和一些手提包。买上面有污渍的布料废料？在她看来，这不是垃圾，正好可以用来做绣花圈里的特色之处。

搭配前

搭配家具

你知道吗？如果将任何类型的两件家具刷上相同的颜色，它俩就会看起来相互关联。将一对书架和梳妆台刷成完全相同的颜色，并使梳妆台跟书架侧面相接，你便拥有了一套带有书架的定制电视机柜。你可以选择将镜子和与之不相配的梳妆台进行重新搭配，同样，你也可以将桌子与桌子上堆满东西、看起来像贮藏箱的廉价的书橱进行搭配。

与家具店想要让我们相信的相反，家装的方式有许多种。崭新的家具是个不错的选择，但是翻新过的、做有罩套的以及喷过漆的家具可以跟新的一样漂亮，有时甚至要比新的更好。

搭配后：从不同的店里分别买来小箱子和穿衣镜，搭配成一个整体，并刷了点白漆。

第十一章

当房间看起来不协调时

伟大的事情都是由一系列小事汇聚而成的。

——文森特·凡·高

小变动，大不同

假如你看一个地方，总感觉有些东西不对劲儿，或者像是没有完成，也许作些小小的变动就能帮到你。这些小变动并不是规则。对每个规则、小贴士或窍门来说，总有某个人不受它的束缚，并将所谓的规则、小贴士或窍门打破。但这些变动在我家非常管用，或许它们也能给你家带来不同。如果需要额外启示，你可往前翻阅本书，再看看本书中那些展示这些变动例子的照片。

台灯

一盏放置恰到好处的台灯在塔吉特百货礼物卡中价值非常高。美观、温暖、过滤的灯光拥有强大的力量，能在任何进来坐下休息的人周围创造出光环。

你有没有过这样的经历：夜晚走进这样一个屋子，头顶上如恶魔般的灯光照射着你，你仿佛置身于一个仓库中购物，或者是在警察局接受审问。吸顶灯对我们没有什么好处。它能使我们变老，并且给我们的房间一种医院候诊室的感觉。台灯才是我们的朋友。

台灯不需要花很多钱，我所喜欢的一些台灯就是二手的。HomeGoods 家居家装网站里似乎总是有过多的价格为 20 到 40 美元的台灯。

一盏有趣的台灯底座可能会因它独特的形状、材料和大小而同时成为一件艺术品。而桌子上有了一盏放置得当的台灯，就不需要其他物件的搭配。因此花个大价钱买盏台灯，不仅可以照明，还可以带给你艺术的享受，并使一个空间的功能和形式增值。

地毯

如果你感觉房间的空间有分离感，这可能是由于你的地毯太小了。家具的前腿至少应该放在地毯上。

多年来，我错误地在一个该放80cm×100cm地毯的地方，放了一块50cm×80cm的地毯。大地毯比较贵，且很难往车里放。于是，我总是在实际需要大地毯的地方放一块小地毯，并希望它能起大地毯的作用。但是，比起匆匆买块小地毯，然后六个月后就在Craigslist半价卖掉的做法，更好的做法是：可以几个月不铺地毯，专心存钱，以便买大小合适的地毯。

一块做工精良的地毯可作为投资，保存很长时间。大点的地毯会使你的房间看起来更大，更轻松，并且更美观。

植物

我一直对绿色植物对房间的装饰所起的力量感到惊叹不已。在你的照看下，植物会死掉吗？这样想想：你用6.99美元买了一株室内植物，活了一年半后死掉了，但这并不意味着你失败了，相反，这意味着你在家每天只花了不到1.5美分就享受到了美丽的植物。这很划算！

走进房间，最先吸引我眼球的永远是植物。想知道植物给一个空间带来的巨大影响吗？打开一本家居杂志，数数里面植物和花卉的数量。想象一下如果房间里没有植物会是什么样的。它还会给人相同的感觉吗？植物给房间带来生气。

自然光线

自然光线乃上天赐予的免费礼物。

如果你看美国家园频道（是美国最受欢迎的在播个性化家居生活频道，除了拥有电视媒体的同时，还发布以家居为主的电子杂志。杂志里收录了家居装饰、生活助手等多个板块——译者注）的《搜房者》节目，你就会有我们极度渴望自然光这样的想法——事实上也的确如此。搜房者总是无一例外地对房子有无自然光线评头论足。然后一旦买下了拥有可爱大窗户的房子，他们通常都会怎么做呢？把窗户遮起来。

自然光线乃上天赐予的免费礼物，不要浪费掉它。把窗帘挂起来，让它能挡住窗户旁边的墙和窗户的几厘米。不要让它遮住整个窗户，留下窗户中间珍贵的几英寸，让自然光线能照进你的房间。需要隐私时，你可以拉上窗帘，但不要剥夺你吸收每一寸自然光线的权利，买房时你是为此花了大价钱的。

如果你用厚重的窗帘遮住窗户，考虑买长些的窗帘杆，这样你就能将窗帘拉大一些，让自然光线照射进来。你还会有额外收获：把窗帘挂到墙上，会使你的窗户看起来更大。另一个设计窍门是把窗帘杆挂得高一点，靠近天花板。将你的窗帘高高挂起，能使房间看起来开阔宽敞。

现在，每次搬到新家，我首先要做的就是这个。窗帘杆总是高高挂在窗户的上方，横跨窗户的宽度。我不想让窗帘遮住我的窗户，我想要的是加强窗户的效果。于是，我做了加长加大的窗帘杆，并将其高高挂起。这么做总是值得的。

还有一个关于自然光线的小贴士，虽然很简单，但能给你的生活带来很大的变化，就是打开百叶窗。记住，每天都要打开。如果你真的想冒险，不妨将百叶窗拉到最上方，或者干脆摘掉它。如此一来，房间会看起来十分清新明亮，以至于朋友来了，还以为你新刷了房间呢。不管哪个房间，有了自然光线，看起来都会更好。一定要好好利用自然光线哟。

享用好东西

我的设计导师乔安妮·莱纳特维利曾说，在台灯旁边放一根蜡烛非常多余。她的话除了使我捧腹大笑之外，也永远地摧毁了我将两种灯源放在一起的想法，无论这两种灯源看上去有多么不同。

我个人最不能忍受的东西是没有点过的烛芯。我明白，买了某种东西，然后把它烧掉，这种做法看起来很奇怪。但从不点燃你的蜡烛这种做法，就像是将你的杯形蛋糕摆出来却一个都不吃。为什么呢？蜡烛就是用来点的。他们不是濒临灭绝的资源，所以别再护着它们，让它们蒙尘了。请点燃蜡烛，享受烛光。如果不想这样做的话，把你的蜡烛（和杯形蛋糕）送给我，我会给它们一个完好的家，在这儿它们可以物尽其用，不再被无视。

点燃你的蜡烛并不会改变你的整个房间，但却会改变你的精神状态。家里的美好事物就是供你享用的。点燃蜡烛可能只是享受美好家居生活的基础阶段，接下来要做的，就是打开你精美的盘子包装，用用你的高档小毛巾。

打乱成套的家具

据我所知，家具商店卖沙发都是成套卖的，包括双人椅和配套的咖啡桌、茶几。但这并不意味着你必须买一整套。最常见的情况是，所有你在品趣志上看好和在杂志上做书签的房间，都不能用成套的家具；相反，它们在家具的木质、油漆、款式和年代上要求不尽相同，形成不同的层次感。

如果你感觉起居室或者卧室缺少个性，有可能是因为所有东西都是成套的。如果你已经花钱买了一套，不用担心，我们都这样做过。考虑一下把成套的家具拆开，分别摆放到不同的房间。如果你的卧室有一整套家具，包括两个梳妆台、两个边桌、一张床和一面镜子，而你对此感到非常不舒服，那么，选一个颜色把其中几样喷漆，混合一下，换几个门把手，把起居室里阳光四射的镜子与卧室配套的镜子交换。

枕边细语

你家的抱枕是扁平的吗？你跟家人说过，不要把抱枕压扁，但这并不是他们的错。也许一开始你就买了错误的抱枕。找找用羽毛填充的抱枕。用羽毛填充的抱枕，是最蓬松的。

如今你通常可以单独买枕套（Etsy［一个网络商店平台，以手工艺成品买卖为主要特色 ——译者注］ 网店是我最喜欢买枕套的地方），这样你就可以任选枕芯了。大家都知道，为了找到合适的抱枕，我摸遍了旧货店的所有羽毛抱枕。回到家后，我拆掉了看起来很丑的枕套，用滚烫的水冲洗枕芯，然后套上自己的枕套。用了多年之后，羽毛抱枕依然保持蓬松。记住，你的抱枕是为你服务的。

你不会伤害房屋建造商的感情

如果你因打算买房而看过房子，你也许已经发现，几乎每家的灯具都不能令人满意，而且经常被忽略。老实说，我已经犯过无数次这方面的错误。买房时，房间里都有吸顶灯，而且头顶的灯光看起来光线充足，可你就是没有好好想过这个问题。尽管房屋建造商买过一百个一模一样、实用性强的吸顶灯，但是并不意味着这样的吸顶灯就是你家里最好的照明选择。

尽管房屋建造商买过一百个一模一样、实用性强的吸顶灯，但是并不意味着这样的吸顶灯就是你家里最好的照明选择。

不要让费用阻挠你的创意步伐。我们房间里那个吸引眼球的吊灯是我花 30 美金淘来的二手灯，它的价格可能比之前挂在那里的吊扇还要便宜。我们的房间不是特别需要风扇，但如果需要，我也会用一个老式的台扇来代替吊扇。

不要忘了枝形吊灯。我曾听人这样说过："世上就没有大到房间无法安装的吊灯。"对此，我不确定我百分百同意，但我承认，我确实还没有见过一个对于房间来说过大的枝形吊灯。大多数时候，我们买的吊灯都太小。如果拿不准，买大一号或两号的吊灯。

餐桌上方的枝形吊灯，什么样的最好看，不应该由房屋建造商来决定，应该由你来决定。安装不同的吸顶灯使我们有机会为我们的空间增加个性和时尚元素。另外，如果你的房子要卖，那么卖房子时，吊灯会让房子看起来上档次，好像私人定制的一样。

挥霍和偷盗

经常有人问我这样的问题，我认为什么东西值得自己花一大笔钱，什么东西应该尽可能找便宜的。很显然，我很注重经济实惠。所以，下面是一个清单，里面大致记录了在哪些东西上我愿意花更多的钱。

床和床单。要选制作精良的床和高品质的床单，因为我们人生中很大一部分时间在它们上面度过。

地毯。因为我们在地毯上走，地毯是家里受到最差对待的东西之一。从设计的角度看，地毯的作用不容忽视，它能确立整个房间的基调。所以，它们值得让你多花钱。不要忘了买个尺寸大点的地毯！

沙发。因为沙发是我们需要长久使用的东西。孩子生病时，可以依偎在上面；看电影时，可以舒服地躺在上面；祷告时可以和朋友坐在上面，也可以很多人挤在上面。沙发是家里的"老黄牛"（当然洗手间除外，但我们跳过它），劳苦功高，不可小觑。

标志性作品。有意义的标志性作品，比如说我的旗鱼，是很好的装饰品。我宁愿把孩子们的作品装裱起来，也不想去买邻居们都买的批量制作的艺术品。

写给租客、过往旅客和现代流浪者

适合租客的装饰

如果你是个租客，请关注哪些东西你能带到下一个房子里去。家具、台灯或者地毯都会给空间带来巨大变化。窗帘和图案也可以用来装点房间。关于家具，要尽量选购那些适用于不同房间的产品。你不知道我对梳妆台、小桌子和椅子有多么痴迷，它们放在哪里都搭配。我从未后悔把这些东西买回家。

如果你知道自己在一个地方只待一年，一搬进去，就要快速简单装饰一下。叫上母亲或朋友来帮你整理行李，把该挂的东西都挂上。因为如果你拖上三个月，那就意味着有四分之一的时间，东西都会堆在地上等你收拾。这一点儿也不好玩。

从另一方面来说，一年的时间不值得你为旧地毯或者难看的颜色而烦闷。反正只有一年，忍忍就过去了，就把它当作一次休假，不必再买任何东西，最后都留给房子的主人。让自己休息休息，不用再费心去买新把手、多年生植物、松叶或油漆，让自己享受享受住家时光，投资于那些你可以带走的东西。

如果知道要租住一年以上的时间，最值得换掉的东西就是吸顶灯了。拿掉那些令人厌烦的、丑陋不堪的吸顶灯，或者不管什么原因你就是不喜欢的吸顶灯，将它们保存好，这样在搬走前还可以安装回去。换上你喜欢的漂亮吊灯（搬家时你可以将其带走），会改变整个房间的气氛。在我们现在租住的房子里，已经有四分之三房间的灯都被换掉了。每次换灯只需花费 20 分钟左右的时间，但这会让我们感觉出租屋变得像家一样温馨。

灯具。一两个别具特色的灯具能够给人带来不一样的感觉。如果我们要卖掉房子，而里面有我特别喜欢的灯具，这时我会用一些便宜点儿的灯具把它们换下来，这样我就能拿走它们。千万别小瞧别具一格的吊灯，它能对房间的装饰产生非常大的影响。

还有一些东西，在完美的情况下，我喜欢从商店买新的，但如果我有耐心，我就可以以更低的价格得到它们。我愿意花些时间来买这些东西，是因为它们

上图：我在一家旧货商店花 10 美元买的一只 60 厘米高、全身喷成白色的猫头鹰。这只猫头鹰在 20 世纪 70 年代看上去令人毛骨悚然，历经岁月，今天它全身泛着光泽，非常时尚。

下图：一个价值 80 美元的二手梳妆台，它被漆成蓝色，与它搭配的是一张价值 15 美元的用农家饭桌改造的书桌。

容易找到，且价格便宜。这些二手货包括：

无扶手座椅。这种座椅在旧货店或庭院售物中几乎随处可见。即便你要重新喷漆或做个新的座套，价格比起买一个全新的椅子还是要低得多。另外，有时因为价格太吸引人，你可能会买到一些与房间不是太和谐、最后成为家里多余物品的旧货。

小饭桌和小书桌。相信我，小饭桌和小书桌随处都有，简单地刷一下漆，就可以使它们亮丽如新。

梳妆台。我家里总共有 8 个梳妆台：3 个是买的新的，5 个是买的二手的。我最喜欢的那个梳妆台是从庭院二手市场上买的，只花了 8 美元。

墙上艺术。我非常不喜欢大批量生产的墙上艺术品。根本没有必要买些廉价的带框和玻璃的饰品挂在墙上。我深信，可以自己创造自己的艺术品。如果你对创造自己的艺术品还没有做好准备，不妨试试镜子，这是二手市场上最值得淘的物件之一。镜子很容易上漆，放在哪个房间都很漂亮，还能使房间显得更敞亮。

我的朋友“快乐的安琪拉”，以最少的花费赢得最具创意艺术奖。在遇到她之前，我从没有想过去看旧货店里的墙上艺术品部分。她家挂满了原创作品，这些作品挂在一起看起来非常棒。

小饰品。当你的房间显得单调乏味时，小饰品是装饰的首选，它们可以迅速给你的房间带来变化。我总是无法抗拒各种潮流，我有最大最新潮的家具商店的商品目录。我偶尔挥霍一下，买一些特别的小饰品，但更多时候，还是从二手市场以更便宜的价格淘一些类似的物件。因此，要知道自己喜欢什

安琪拉收藏的从旧货店淘来的画作

么样的小饰品，并愿意从任何渠道淘到它们。

蜡烛。我喜欢收集各式各样、色彩斑斓的二手蜡烛。这些蜡烛一般都未用过，与新的无异。这是因为美国人认为美国蜡烛稀少，几乎没有人点过买来的蜡烛。如此一来，我们就可以收集到更多的蜡烛了！

关于买东西

不要买一些东西来搭配你不喜欢的物品。“超值出租屋”有一间厨房，可以说它简直就是噩梦出租屋：房间被刷成了鳄梨绿加香橙黄，里面还有黑色的镶板。刚开始，我想买些看起来还不错的绿色和橙色的盘子来与房间的颜色搭配。但它们真的不是我喜欢的风格。虽然我讨厌这种颜色，但是我想这些盘子或许能让我更喜欢这间厨房。但事实证明，这完全是在浪费钱。

第十二章

把房子变成家

这是一种强迫症。我做不到对这面墙置之不理。将它装扮起来，来个大变身，实在太有趣了。

家，应是生活的百宝库。

——勒·柯布西耶

独特的润色之笔

现在到了该收尾润色的时候了。这些润色装饰，可以把样板房和普通住房区别开来。下面是我的一些压箱底的建议，它们都发自我的内心，你可能会觉得可笑，但它们体现了我的个人风格。过去的这些年里，我逐渐学会了更加宽容地对待自己和我们的住所。具体如下：

展示日常生活

几年前，那时我们还住在一套我认为不适合我的公寓里，每个月都有 10 美元的亏空。我想要买漂亮精美的日常用品，过圣诞节和生日时用；我还想要漂亮的给皂器、克里奈克斯（kleenex）面巾纸盖和沙拉碗。我想，假如我无论如何都需要这些东西，假如这些东西在家里的位置非常明显，假如人们想给我点什么东西，我为什么不能让这些东西既漂亮又实用呢？因此，我会选择买一块木制砧板，而不是廉价难看的塑料砧板，这样的话，每天在厨房台面上看到它，我都会心情愉快。

一有可能，我就会将家里的日常用品拿出来，评估家里买来的几乎所有东西，想着我是否可以把它们放在某个地方展示。可能，我做得太过了。但是我就是不能忍受把不戴的项链和手镯收起来，放在别人看不到的地方。它们都那么漂亮，我喜欢每天看到它们。所以，在我的卧室里，我放着一整托盘的手镯，和一座挂满粗重项链的半身像。我还发现，可以在家里合适的地方放上装饰碗，这样就能将我的手镯、指甲油或者孩子们摘下的眼镜等随手放到这些碗里。

每到圣诞节，我就会拿出过去孩子们冬天戴的小羊毛帽子挂在鹿角或衣帽架上。这样，通过把这些类似小纪念品的东西作为装饰摆出来，也使它们再次

焕发了生机。

日常生活用品展示的另一个例子是锅架。我们在几处住过的房子里都有锅架，这些锅架提醒我们，多花上两美元，就可以让你的锅具看起来特别棒。厨房里有了锅架，上面挂上各种漂亮、实用的锅具，厨房就基本不需要其他的装饰了。

我还买了一个鞋架。杂志里鞋架的照片经常就放两双鞋，一双干净闪亮的黑色山地靴和一双干净闪亮的牛仔靴。而我们的鞋架通常凌乱不堪，放着狗带和脏兮兮的帆布鞋。不过我们可以把物品分类，放进漂亮的容器，鞋架看起来会更好看些。

如果我有看起来很漂亮的包包、围巾、外套，我不会把它们藏起来，而是挂在显眼的地方，为家里的装饰增添色彩。这样做，对双方都好。我必须使用它，闲置的时候，还可以装饰房间。

对比的妙处

设计界中讨论得最少的窍门之一就是对比元素的运用。品趣志或者杂志中那些令人垂涎的家装图片大多数都运用了这一技巧，给人一种家里的物品是整体汇总的感觉。另一方面，当你看到仓储式家具卖场的传单时，你立马就知道，传单上的不是真实的房子。原因之一就是缺少对比。

加入对比后，房间更加完整平衡。有时这种感觉自然产生，有时你需要寻找对比元素带来的视觉上的和谐。

不是说每间房里都要用上所有的对比元素，

我最喜欢的一些对比元素：

- 直线与曲线
- 阳刚与阴柔
- 黑与白
- 质朴与炫目
- 哑光与光泽
- 复古与现代
- 大与小
- 几何形状与有机整体
- 图案与纯色

在今年的圣诞装饰中我就运用了对比：闪亮的铜器映衬亚光纸雪花，黑纸烘托白色杯垫，几何图案盒子上摆放呈曲线手编花环。

或者现在你家的房间里可能已经有对比元素存在了。但是如果还是觉得某些空间缺点什么，可以考虑加入对比元素。

用工艺涂料涂鸦

我经常用自己当前喜欢的工艺颜料在旧帆布上涂鸦。

这么多年来，我的风格和品位发生了变化，我的调色板也是如此。面对每一个改变了的自我，我不需要买新东西加以配合，只是改变一下涂料的颜色即可。

我们前面已经谈过给家具刷漆的事，这儿也谈一下小件东西。我总是在手头准备一盒工艺涂料，以备万一有什么东西需要快速补漆。我涂过相框和相框垫（不要买新的，把旧的重新涂一下即可），以及各种小饰品。

我最喜欢的一个改变墙面艺术的窍门，就是简单地把当前颜色的涂料倒在帆布上。我拿过一大罐和当前墙面一样颜色的涂料及一些工艺颜料，把它们喷洒在帆布上，直到看起来不再完美。我有张花 40 美元从工艺品商店买来的巨大

看看房间里的物品，把合适的物品放到照片墙上：

- 考虑使用大小不同的物品，而不是全部使用扁平的 2.5 厘米厚的相框。
- 找一些没有玻璃覆盖的镜框。全部是玻璃相框，只会耀人眼目，让人有距离感。
- 找几种颜色，把不同的颜色搭配在一起。
- 将直边相框与弯边相框混搭在一起。
- 考虑加入一件圆形的物品，这能改变整面墙的氛围。
- 开始时使用黑白照片。有信心能做好整个照片墙时，开始使用彩色照片。
- 将所有选择都放到墙上试过后，再作决定。
- 把相框靠在架子或烛台上。
- 不要全部使用照片，可以与装裱起来的儿童艺术品或者画作混合摆放。
- 也可以反其道而行之。选定一个主题，例如全部使用地图、镜子、黑白照片、手指画、数字画等。

帆布，在这几年间已经被涂鸦四次，每一次都不一样。这样的涂鸦可以为你的家里增添一些现代气息，此外，你也可以和孩子们一起涂鸦。

不要记日记，建个照片墙吧

每个家庭都可以从照片墙受益。照片墙就像展示中的家庭日志。创建一个照片墙很容易，而且充满乐趣。这是因为你可以随着时间的变化不断更换墙上的内容。如此一来，照片墙就会与你一起成长。我喜爱照片墙，因为你怎么做都可以。这些照片墙看起来越疯狂，就越会突显你独特的品位。

寻找经典饰件

我一直希望自己能成为做得出拿手好菜的女人，参加聚会时，人人争相品尝。虽然现在我会自告奋勇带两升的饮料，但我一直没有放弃寻找自己的那道拿手好菜。不过，我们家倒是真的有一些经典的饰件，它们是房间里的炫耀者、大腕或引人注意的东西，是其他物品艳羡的对象。如果这些经典饰件被拿走，那我们家就活力大减。我喜欢活力，充满活力可以使你的整个空间都引人注目。

经典饰件可以是一件家具、一件艺术品、一面重要的墙，或者一个建筑元素，比如超大窗户；经典饰件可以是你收藏的某种东西，也可以是人人都有但你赋予它不同呈现方式的物品，比如漆成粉色的楼梯扶手。我们家的经典饰件就是旗鱼。

虽然并非每个房间都要有一件特别突出的摆件，但我确实认为，每个房间都应该有一件令人难忘的物品。比如，当某人向他的朋友们提到这个房间时，他们会说："噢，就是那间有个大水牛毛绒玩具的房间。"这一句就足以让我们知道他指的是哪个房间了。

比如，我家卧室有一面用菱形胶带装饰的墙，客房有白色的飘带，客厅有盘子装饰墙，餐厅有超大型吊灯，另一间房有篮子图案灯饰，孩子们的房间有美好的凌乱。和他们差不多大小时，我的房间也是如此。

重点不是寻找贵重之物，而是将你喜欢的有趣的物件展示出来。有时，经典饰件是房间装饰的起点，但我发现，经典装饰品往往是你在房间装饰快要结束的时候才会找到。顺便说一句，房间的装饰事实上是永无止境的。

找到适合你的最后润色之笔

你是否曾有过这种感觉：一走进朋友家中，你立刻会觉得这房子太符合朋友的特点了。家里的装饰可以折射出住在里面的人的性格。

"快乐的安琪拉"最后的润色之笔是分层和图案。我的朋友特雷西喜欢用植物做最后的润色。

我的最后润色之笔古怪独特。朋友克里斯蒂娜是位才华横溢的设计师，非常注重真实性。她第一次来我家时，环顾四周，笑着说："到处都有点怪。"她不知道这对我来说是多大的称赞，

上图：我时常会用自己当前喜欢的工艺颜料在旧帆布上涂鸦。

下图：朋友们经常评论头像上的配饰。每过几个星期我会换一次。

我最害怕的（除了变成收集癖患者或是《怪人秀》里的怪人）是我的家看起来同别人家一样千篇一律，像商场里的摆设一样。对我来说，有点“怪”表明我能坦然接受不完美，我的使命就完成了，这是对我最高的称赞。有人说我疯了，有人说我是天才，但这都不重要，不是吗？因为我爱我的房子。

增加“奇怪”的元素

Anthropologie 服装家具店是我最喜欢的商店之一。不是因为店里的衣服、盘子、芳香扑鼻的蜡烛，这些东西都很棒，可我永远看不够的还是店里的陈设。甚至在你还没有走进店里的时候，你就可以从商店外边看到橱窗陈设，第一眼就觉得精妙绝伦，再看就感到震撼、炫目、令人着迷。等走近了细看，你才发现是他们使用的独特材料令陈设如此不同。Anthropologie 已经掌握了用惊人、独特的方式摆放日常用品的艺术。这些陈设如此令人惊叹，就是因为饰件的大量和重复使用，以及这些好玩的摆放方式。假如天堂也有橱窗，一定也会被负责 Anthropologie 橱窗展示的设计师们装扮得与众不同吧。

几年前，家里的沙发刚刚换了白色的沙发套，墙面也是一片空白，我走进 Anthropologie 家居用品店，悄悄走近那里的展品，心中渴望自己也能拥有像店里一样的墙面，上面挂满纸花、瓶盖艺术品和外框简陋的古典绘画。我当时想，是否自己家里也可以融入类似的风格。最后我决定，家里应该多点灵气，少点平凡。待在 Anthropologie 家居用品店，我感觉自己又回到了小学美术课上。我很爱上美术课，只不过现在我已经是成人了。我不喜欢用原色的图画用纸，我想把漂亮的日常元素与家里的乡村家具和旧货店淘来的宝贝混搭在一起。我想，自己是否也可以在家里融入某些美丽而又新奇的元素。

我断定自己家需要加入艺术性奇特元素。这个过程是渐进的，不过回想起来，我现在发现，对奇特的认识是我的一个转折点。一旦加入奇特元素，我便深深爱上了我的家。要是我能更善言谈，更善于表达情感，或者更聪明，也许我能准确地说出来为什么会这样。我所知道的就是，在家里加入这些元素后，我比以前更喜欢自己的家了。在家中加入奇特、古怪、有趣、随意的小物品，似乎开启了一段我难以割舍的恋情。我感觉自己又回到了美术课上，只是我不用等着巴恩霍斯特太太告诉我们今天需要做的是什么。

盘子装饰墙随着时间而成长。在墙上，用旧的盘子、一元店买来的盘子和二手的盘子挂在挂钩上，简单地用些稍长的钉子就可呈现出层次感。

重点不是寻找贵重之物，而是将你喜欢的有趣物件展示出来。

手工花环：把书内页剪成叶子的形状，再粘起来。

这种奇特的元素就好像在嫩煎蘑菇上最后挤上的几滴柠檬，成了我家的独特风味。奇特让我回到了儿童时代，因为我意识到我一直梦想的家并不那么复杂，也非完全的成人化。它的风格不能完全归类为法式田园、英式乡村或现代派。我所渴望的家是我可以自由自在地做我想做之事，而不用在意别人想法的地方。通过允许自己给家增添点奇特的元素，我就是在向世界宣布，看到了吧，虽然我知道有人觉得这样太荒谬，但我就是有自信在我的家里放我想放的东西。一旦你在装修的时候体会过这样的自由，你就再也无法回到过去了，而你的家也终会变成你的理想之家。

> 我所渴望的家是我可以自由自在地做我想做之事，而不用在意别人想法的地方。

以下是几条我常用的添加奇特元素的方法：

1. 我决定把那些常见的物品用不常见的方式摆放。比如，我有面挂着白色盘子的墙，但这次我采用了比较少见的方式把盘子挂在墙上；我们家中装饰性的半身雕像可以根据我的心情和季节摆放植物、鹿角、羽毛、项链、小丑鼻子、面具、帽子，等等。

2. 我决定用常规的方法摆放非常规的一次性物品。什么？这不是跟上面一条相矛盾吗？的确如此。我试着用塑料勺编了一个花环，（可能你不会相信，在那里翻白眼。这没关系。）还曾用海报纸板做了一面云隙阳光形的镜子。我妹妹的新书签名会时，我和朋友们一起用书页做了数十种装饰品，之后我一直保存着它们，好多年了。就在我敲下这些文字时，这些装饰品还在使用。

3. 我决定，只要能让自己高兴的东西我就摆出来，即使它们有点怪。这些东西可能非常好玩，也可能没有任何实际用处，可我就是喜欢。墙上挂着旗鱼——没错。生活忙乱时，靠墙放一个巨大的空白画布——没问题。铺一张画有三只手臂的牛皮小地毯——为什么不可以呢？一个能把满屋照得闪闪发光的舞厅闪光球——谁会不喜欢呢？

我们家中那些不同寻常的物品似乎在诉说，这是让人愉快的地方，在这里你可以放松下来，成为你想成为的人。这些都是我非常乐于听到的。

对我来说，一些意想不到的奇怪元素的加入，是在宣告我并不趋附他人，也不在乎他们对我家装饰的想法。我做装饰并非为了取悦他人，而是为了让我

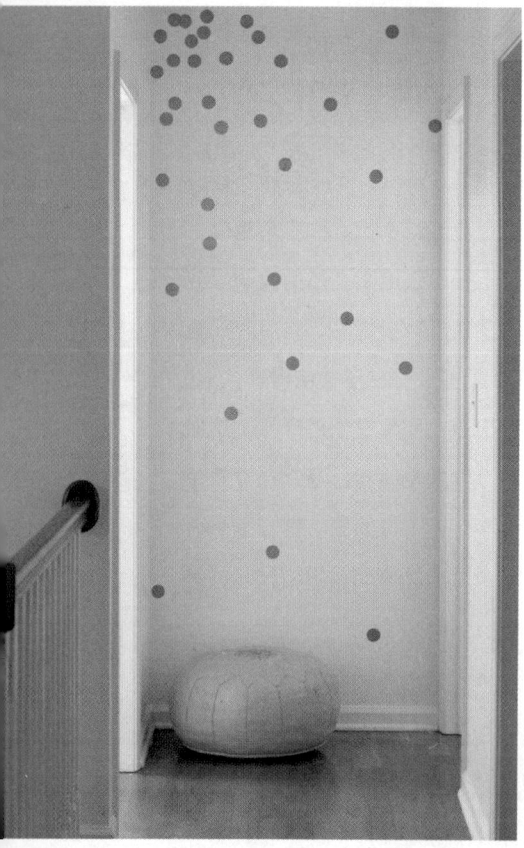

上图：塑料勺编成的花环

下图：可移动金色乙烯塑料波尔卡圆点，专用于墙面装饰。对于租客来说，是一种绝好的装饰元素。

和家人开心。这样想，感觉真的好极了。

当我不再刻意追求打造一个所有人都喜欢的完美之家时，有趣的事发生了。《庇护所》（*Shelter*）杂志开始联系我，希望在他们的杂志里刊登我家的照片。当然并不是所有人都希望上杂志，也不是说只要你的家装加入奇特的元素就会有杂志联系你。根本原因在于我的家装理念，在家里真正做回自己，打造自己热爱并自豪的家。别人会看到这样做的特别之处。这好像就是家装的逆反心理学。

回顾

不同的家庭以及不同的人最后的收尾润色工作也不尽相同。就是回顾你的童年，想想哪些装饰品曾让你感到惊讶或者开心，是找到属于自己的润色方法之一。什么样的装饰物件会给你带来惊喜，或者让你感到快乐呢？

比如，小时候我特别喜欢生日派对。不是因为有聊个不停的朋友、粉色的礼物或糖果，而是因为房间漂亮的装饰！我家里奇怪的事情之一就是每个季节都会留下一些快乐的小饰品，彩色纸带、面具、派对帽、信号旗都曾进入我的日常设计。这么做让我快乐无比！

或许对于你来说，最后的润色是融入你最喜欢的颜色，或者保持花朵一直鲜艳，又或者把家里所有的那些黑白照片都放进镜框，摆在家里。但更精确地说，我希望你能多注意一下生活中那些带给你快乐的物件，把它们挑出来，作为小饰品装饰你的家。不管其他人对此做何感想。

让自己周围充满不完美的人

这听起来感觉和房间装饰没有多大关系，但是不要小瞧这一点——它事实上是一个省钱、省时、省事的小窍门。假如我的生活中没有这些诚实、注重灵魂、不完美的人们，我会更加难以接受自己家中的不完美。你的生活中是否也有这样真诚的朋友？假如你的朋友是一些你不断地感到要给他们留下深刻印象、要花很多时间担心他们会怎么看你的人，那么你永远不能随意地打造代表你和你家人的家，因此，或许你需要重新考虑一下你的这些朋友。

上图：我独创的“气球吊灯”。做法很简单，就是把几个气球系到一个小枝形吊灯上。气球在上面期间，我把开关扳到关上，用胶带固定住了。当时我主持一个小女孩的周末聚会，这些价格不高的气球给空间带来了极大的冲击。

下图：带粉色眼镜的半身像

第十三章

满足

不要因渴望得不到的而错过已经拥有的；要知道，现在已经拥有的，也曾是你渴望的。

——伊壁鸠鲁

所有你需要的东西

那是我人生中见过的第一个奢华舒适的家。那时我刚刚结婚，查德是位老师，我们住在我认为有点不适合我的公寓里，在那里我们还有了爱情的结晶。一天晚上，我和查德去参加一位银行家的家庭派对，这位银行家是我丈夫任教的那所私立学校的毕业生。那里私人定制的落地窗帘深深地吸引了我，以后我再也没有用这种目光看过窗户。

当学校里来的客人们互相交流时，我和这窗帘也熟悉了。它们有细密的织物，有羊毛毡般的温暖，用重磅真丝做成，它们比我见过的任何窗帘都要长，看起来美丽高端，富有内涵。我告诉房子的女主人，我特别喜欢她的窗帘，因为这些美丽的窗帘使得每扇窗户看起来都像身着一身华丽的晚礼服。我确信我的这些赞扬的话在她决定定制这些窗帘的时候，也出现过她的脑海中。这也是我脑海中浮现出的最贴近的比喻了。我花了半个晚上像对待情人那样欣赏、抚摸这些窗帘，那晚上的其余时间就一直在想两个问题：这种窗帘得花多少钱？我该把什么卖掉才能买得起这种窗帘？

那晚之后，我常常梦到那些美丽的窗帘。我开始关注这些窗帘的价格，并惊奇地发现，人们可以花费数千美元去买这些定制的窗帘。甚至有时几千美元只能买一个窗户的窗帘。我这是生活在一个什么样的世界啊？在窗户上花费那样一笔巨款，我真的不能理解。我开始觉得跟那些毕业生和那些送孩子去我先生任教的私立学校的妈妈们相比，我其实一无所有。我开始嫉妒起那些被我归类为“有钱人”的那些人了。

一次，在教堂的休息室里，我跟一个可爱的妈妈聊了起来，她的孩子比我家宝宝大五岁。她跟我聊了他们刚刚搬进的新家（我丈夫曾经指给我看过那里，在我眼中那算得上是豪宅了），以及她是多么自然地要选择这样的定制窗帘。因为如果你住在乔治亚州梅肯县，你就会这么做的。当然了，没有合适的窗帘，你也不会窘困的，这一点显而易见。

她询问了价格，但没有下单，因为她有种感觉，上帝想让她把买窗帘的钱捐出去。我有点跟不上她的想法了。据我所知，眼前这个女人就是个百万富翁，而且我应该能感受到她的痛苦，也震惊于她竟然要把她珍贵的定制窗帘的钱捐出去。

但是，故事还没有结束。万能的主显灵了，她奇迹般地获得了为她家免费定做窗帘的机会。所以，到最后所有的愿望都实现了。太棒了！啧啧……之前我还一直担心，她不得不去买个现成的廉价窗帘呢。好悬呀！

每个人的情况是不同的。所以，这不是界限的问题，而是心态的问题。

而那个时候的我，甚至买不起麦当劳的炸薯条。而我正参加镇上最古老的充满传统气息的长老会教堂的活动，我丈夫非常努力地教着这些长老会家庭的孩子们，但我们还是没有足够的钱让我下馆子，更不要说为我们那光秃秃的窗户买窗帘了。

离开休息室时，我有种被欺骗的感觉，心里想的只有一件事：我自己。我想要更多更好的事物，我也喜欢漂亮的东西、宽敞的房子和整体定制的窗帘。如果我仍然能住在豪宅里，我也愿意捐出我定制窗帘的预算。生活太不公平了。

让我们将时间快进到大约 15 年后的一次与朋友的普通闲谈。我们谈到了鞋子，一位朋友说她不能理解竟然有人花 400 美元去买一双鞋，这样的事情让她不舒服。她是那种生活上非常节俭、具有牺牲精神、做事有计划性的人。在她看来，花那么多钱去买双鞋子显然是极大的浪费。另一位朋友说出了心中的疑惑，如果有人花那么多钱去买双鞋子，那就是赤裸裸的罪过啊。我非常认同地点了点头——直到我认真地想了想。

我突然意识到自己是多么强烈地不赞同这样的说法：谈论鞋子的价格，竟然还会涉及引发罪恶感的界限问题。多少钱才算多呢？难道 80 美元的鞋子可以，

280 美元就不行吗？ 20 美元呢？这不行吗？ 2000 美元呢？花 2000 美元买一双鞋子算多吗？每个人的情况是不同的。所以，这不是界限的问题，而是心态的问题。

哦，我的天。我想起几年前对讲定制窗帘故事的那个人的想法，对她和她的“牺牲”，我当时也过于苛刻了。如今，回头想想我才发现，其实她对上帝让她做的事是非常慷慨的，我又有什么资格去评判她呢？如果我当时处在她的境地，我会这么慷慨吗？

今天，就在这个下午，在距我写完这个故事不到 8 小时之后，我打开了约瑟来的信。约瑟是我通过国际至善协会（Compassion International）资助的男孩之一，他住在危地马拉，他想让我们了解他。他在信中写道：“我想告诉你，我的家非常美丽。我家的墙壁是由水泥板垒起来的，房顶用的是锡板，家里还有水泥的地面。我们还能从水管中接到水。对了，我还想告诉你，我们现在有电了，这实在是太棒了，因为我可以在晚上写作业了！”

接着他问道：“你家是什么样的呢？房子大吗？漂亮吗？周围有成片的树

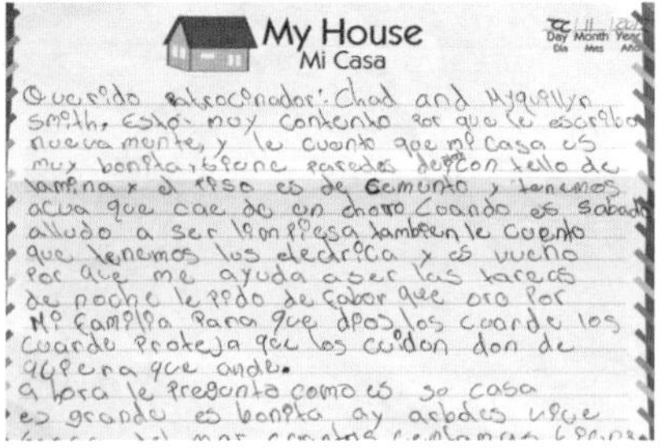

My House
Mi Casa

Querido patrocinador: Chad and Myquillyn
smith, estoy muy contento por que le escribo
nuevamente, y le cuento que mi casa es
muy bonita, tiene paredes de con techo de
lamina y el piso es de cemento y tenemos
agua que cae de un chorro cuando es sabado
alludo a ser limpiesa tambien le cuento
que tenemos los electrica y es vueno
por que me ayuda aser las tareas
de noche le pido de fabor que oro por
mi familia para que dios los cuarde los
cuarde proteja que los cuidon don de
quiera que ande.
a hora le pregunta como es su casa
es grande es bonita ay arboles

Dear sponsor Chad and Myquillyn Smith:

I'm happy to write to you again. I want to tell you that my house is very beautiful. The walls of my house are made of concrete blocks, the roof is made of tin sheets, and the floor is made of cement. We have water that we get from pipes. On Saturdays I help to clean the house. I also want to tell you that we have electricity, and it is good to have it because it helps me to do my homework at night. I ask you to please pray for my family, pray that God takes care of us and protects us, pray that God keeps us wherever we go. I would like to know: How is your house like? Is your house big? Is your house beautiful? Are there trees close to where you live? Do you live close to the sea? How many windows does your house have? How many doors does your house have? Do you have pets? Do you play soccer? How many people live with you? What is your house made of? What is the roof of your house made of? I want to tell you that I live close to a cemetery. I send you greetings with love and I wish you blessings from God,

Jose

左上图：约瑟画的自己的家
右上图：约瑟的来信
下　图：约瑟来信的英文翻译

木吗？有几扇窗户、几个房门啊？”

在我一生中，这一刻我最想对孩子撒谎。我心里有个声音说，我要花很长时间才能数清我家的珍贵窗户。还有，我要不要数上客房和客厅的窗户呢？我的意思是，我们甚至很少用到那些房间。

我注意到了自己具有讽刺意味的想法。不过，我还是数了数我家的窗户，虽然我心里知道，我永远也不会回答他的这个问题，因为对他来说，这实在是太奢侈了，32 个窗户啊，我们的房子有 32 个窗户。

我是住在世界上大部分人会称之为豪宅里的一个喜欢窗帘的女人。没错，这豪宅是租来的，但这是个两层小楼呢，面积超过 186 平方米，而且有着 32 扇窗户。如果上帝让我把定制窗帘的钱都捐了，我会听从他的旨意吗？

真正的问题不是我住在这样的大房子中是对还是错，真正的问题是：我该用上帝给予我的东西去做些什么呢？

环境的奴隶

过去，我总是对那些可以使我们的房子装饰得漂亮的东西着迷。我曾经就是环境的奴隶。我认为，适量的金钱、可爱的装饰物和上帝赋予的绝佳风格，肯定能创造出一个神奇而又美丽的家来，可以让我自豪。所以直到那时，我并没有完全爱上我居住的地方。

但是当我回忆起我们住过的那些所有不同类型的房子、公寓和车库时，有一件事是显而易见的，那就是，每一个家中都存有一线希望。

铺着粉色地毯的房子，后院种着一颗葡萄柚树。告诉你，是葡萄柚哦！

改装的两车位车库，有着倾斜的天花板，非常古雅舒适。

有两百年历史的南方大宅，里面带有 5 个漂亮的壁炉和 3.7 米高的天花板。

我认为不适合我居住的公寓，有整洁干净的大游泳池，特别适合我两岁的儿子，还有我们从来不必修剪的茂盛草坪和等待我去创作的古朴的白墙。

并非我喜欢的风格的大出租房，在楼梯下面有一个两个床垫宽度的储物间，里面还有排气口呢！

我们现在租住的房子，地板是实木地板和瓷砖铺的，附近还有一个游泳池。真是太棒了！

但是，居住在这些地方的时候，我看不到这些优点。我总是忙于找这些房子的缺点，而无法欣赏它们具备的优点。

当我们不得不卖掉我们那个不完美的普通梦想之家，而搬进两居室的免费公寓时，事情就是这个样子的。搬进那个满是退休老人的两居室的公寓楼中，对我来说无比悲伤。但是想到丈夫的工作境况，我感到更加绝望无助。那时，我的三个儿子，一个 8 岁，一个 6 岁，最小的一个 5 岁，共用一间卧室。我们组装了两张带轮子的单人床，三个儿子轮流睡这两张床和房间里的沙发。我觉得我是一个非常失败的妈妈，因为竟然让一个孩子只能睡在沙发上。我提醒孩子们别在学校里跟别人说睡沙发这件事。

dwell.

每个人都要对自己想要多少幸福作出决定，因为每个人都要对自己愿意如何感恩作出决定。

——安·福斯坎

刚刚搬进公寓时，朋友们帮忙养着我们家的狗狗塞勒。开始时，我们认为在这个公寓里也就住短暂的几周时间，但是几周渐渐变成几个月，最后，我们不得不为塞勒寻找新家。当我丈夫开着车带走孩子们心爱的宠物后，我带着孩子们到后门那个绿草青青的小山坡上玩。他们掷出勒夫足球时，结果正好打到上了年纪的邻居家的门。这位女邻居怒气冲冲地来到门前，一副要打架的架势。你可能会认为，肯定是我家孩子拿砖头砸了她家的窗户，对着她露出带有文身的光屁股，然后又将烟灰弹到她的花盆里。在她看来，我和孩子们就是十恶不赦的罪犯，怎能住在这个公寓里呢？她问我为什么我们会在那里，这让我觉得我们是二等公民。

我走进屋里，扑通一声趴在床上，号啕大哭起来。孩子们送走了他们的宠物，每晚，我的一个孩子不得不睡沙发，我们的邻居因为勒夫足球的失误就认为我们是地狱的恶魔，更不要说，我们不得不等到天黑再把垃圾桶放在路边。从属于自己的美丽的家搬进了这间小公寓，在这儿我们彻底感受到了失败的滋味。除此之外，我丈夫的工作仍然还不确定。

一个陌生人死去的那天

当我意识到我着手创造一个美丽、有意义、有目标的家的想法大错特错时，改变我人生的那个时刻来临了。

那是 2007 年 2 月 8 日，我整个人处在人生的低谷中，感到前所未有的痛苦。刚刚经历的勒夫足球事件依然记忆犹新，一想起这个来，我的眼泪马上就要流下来。我们有一间堆满了家具、自行车和庭院工具的储藏室。因为已经签了合同，我们不得不让孩子们继续待在我们负担不起的私立学校里。由于还不起贷款，我开着我们负担不起的车去卖。我感觉自己就像个骗子。让我更加难过的是，孩子们不停地问我，狗狗什么时候能回来。后来，我们卖掉了第二辆车，借了查德父母的小皮卡用。查德勉强找到一份工作，但是，很显然，他目前的工作境况并不像我们原先期望的那样。

几个月前，模特兼演员安娜·妮可·史密斯生了个女儿，因此各种媒体的新闻中全是有关她的消息。在她女儿出生几天后，她 20 岁的儿子去产科病房探望她时，猝死在她的病房里。于是，关于安娜·妮可的传奇人生故事，以及她与儿子的亲密关系被曝光。这是一个由诸多因素引发的悲剧，涉及对毒品的谴责，对演艺圈的看法。要知道，这些艺人们的生活与我和我的朋友们的生活可是有着天壤之别的。但是，一位母亲失去亲生儿子，怎么说也是件令人悲伤的事。作为三个孩子的妈妈，我发现，任何跟儿子有关的悲剧都能让我留下深深的心理阴影。

同时，我正沉湎于我们生活变得如何糟糕的情绪中。我们所有的朋友们都有体面的工作，家里的后院里养着狗，对，就在后院里。而我正疲于解决我们家目前的境遇带来的结果。后来，就听新闻上又报道安娜·妮可·史密斯被发现死在她入住酒店的房间中。什么？等等，她就是那位几个月前刚刚生了个女儿，儿子又猝死在医院病房的妈妈呀。

我不停地翻看关于安娜·妮可生平和死亡的报道。随着事件的报道，报道的主题也拓展开了。报道中她是一个孤独的女人，她的朋友和身边熟悉她的人都说她总是觉得缺乏被爱的感觉。那天我哭得很厉害，是我记忆中哭得最凶的一次，我不知道我为什么会为这个死去的女人哭得这么伤心，之前我甚至都没有听说过这个人。但是，不管是安娜·妮可·史密斯，还是你和我，我们都有一个共同点，那就是我们都渴望去爱，也渴望被爱。

从她的悲剧人生中，我认识到我拥有什么。

家，是我们栖息的港湾，是孩子们的安全岛，是美丽而又充满爱的地方。家是天堂。

我拥有美妙的生活。我的儿子们非常健康，我的丈夫在努力挣钱养家。我意识到，不管我们到哪里或者发生了什么事，都不怎么重要，只要我们一家人待在一起，一切都会好起来的。我们在哪里，哪里就是家。

我曾经以为我人生的梦想就是拥有一套称心如意的房子，但事实上，我的梦想其实是创造一个家。我追求我的梦想之屋，一定要有绣球花和顶冠饰条，这种追求本身是温馨的，也是充满善意的。但这并不是我想要的最终目标。我需要创造一些不是建立在金钱之上的东西，一些我认为你渴望得到的东西，一些我敢肯定安娜·妮可·史密斯也很渴望得到的东西。

家，是我们栖息的港湾，是孩子们的安全岛，是美丽而又充满爱的地方。家是天堂。

如果有足够的资金，任何人都可以建造出一个称心如意的房子。但打造一个家则需要注入很多的心血。

一直以来，我都如此的愚蠢和挥霍。后来我终于可以接受我们既不牢靠又不可预知的生活，我们甚至都不知道我们的生活在下一周会发生什么。我决定去相信，掌管我永生的上帝同样也可以掌控我的日常生活。

只有在那个时候，我才能够看清楚这个小公寓真实的作用：暂时的休息之地。我们的生活吵吵闹闹，但是这间小公寓却让我觉得像一个安全的小小的蚕茧，在这里我可以准备一餐虽廉价但美味的食物。那是一个我们可以一起看《幸运之轮》（*Wheel of Fortune*）的地方，那是一个产生甜美回忆的地方。

我发现儿子们觉得共同分享一个房间非常有趣，事实上，他们也会为晚上谁去睡沙发吵得不可开交。这里虽然还没有我们以前住的房子一半大，但是保持卫生在这里倒是一件容易的事。它还不属于我们，里面有老式的烤箱，发黄的墙面，而且没有庭院。但是，不要看它所没有的东西，我看到了它拥有的东西。自长大成人后，我第一次在充满不确定性的非完美的环境中找到了平静和欢愉。

住在公寓的那段时间里，在境况好转之前，我们经历了一段非常糟糕的日子。但是对事物美好方面的关注，促使我放弃了对结果的控制。我学会了在事情未完工之前休息，学会了接受不完美。我的重点不是为丈夫找一份工作或者还清我们的债务。相反，我的任务是把家变成一个平和之地，一个我丈夫愿意回来并能在这有点傻气的不完美中放松身心的地方。这使得一切都大不相同。

安娜·妮可·史密斯，曾经是一位年度玩伴女郎、中学辍学生和悲伤的母亲。她的死极大地震撼了我，使我回到了现实中来，我对上帝的安排实在是感激不尽。上帝可以用任何人为例来教我们明白一些道理。现在，安娜·妮可的女儿小丹妮琳，也有着一个祈求她幸福的不怎么时髦的妈妈，这位妈妈还有三个儿子，一家人住在北卡罗来纳州。

不管我面前有什么，请帮我唱哈利路亚。

——贝坦妮·狄龙（Bethany Dillon）

你还在焦急地等待着下座房子的到来吗？一座更好、更新、更大的房子？一座你可以将其变成漂亮家园的房子？你现在住的房子，只是暂时的，不值得你动手把它变成你的家。于是，你对它置之不理，认为它不值得你为其付出。几个月过去了，或许几年过去了。你一再推迟邀请人们来玩，因为你认为这座房子不能真正代表你的家。你把时间浪费在梦想下一座房子的各种可能上。下一座房子要承载太多的重任，如生活啊，享受啊，创造啊，等等。这一切都仅仅是假设。请记住：相对于你们上次住的房子，这座房子就是所谓的下一座房子。

另一个世界

我所经历的第二个改变人生和我家的时刻，发生在五年零三个月又四天之后，这次改变源于一个与安娜·妮可·史密斯的情况完全相反的一个人。那天，我遇到一个羞涩的15岁小男孩，并且拜访了他在坦桑尼亚的家。（我相信他一定认为我也是个羞涩的人。）

2012年春天，我有幸与国际至善协会一起去坦桑尼亚。我们的团队由博主组成，此行的工作就是在网络社区分享国际至善协会在坦桑尼亚的工作。

就在出发前，我们家刚刚资助了一个15岁的男孩，所以，我手里有这个男孩的照片和他的名字：托普沃。由于不知道他的名字应该怎么读，我在心里就叫他托宝。我们还没有通过信，所以，事实上我们相互之间根本就不认识。

在坦桑尼亚边境坐了一个多小时的车后，我下了巴士，向一群男孩和一个活泼的女孩那边走去。这群孩子围在一个低着头的男孩周围。那男孩微笑地看

左上图：托普沃和他的朋友们，他们也受到国际至善协会的资助。
左下图：托普沃和他的家人，身后是他们的家。
右上图：我与托普沃相拥在一起。
右下图：托普沃自豪地站在自家房屋前，墙上是他写的字。

着我，我问他叫什么名字，他说他的名字叫托普什么，而托普也是他名字中我唯一知道怎么发音的部分。没错，就是他。穿着跟照片中一样的衣服，又高又瘦，低头看着地面，手足无措，只是腼腆地笑着。

当孩子们为我们唱歌、跳舞的时候，托普沃站在最后一排，完全跟不上拍子，与周围不大协调。我不禁喜欢起他来。我知道，不管哪里的 15 岁男孩都是内心羞涩、行为局促的毛头小鬼，但没错，这个孩子就是那么可爱。

情况介绍完毕后，我拿出了我的家人为他准备的小相册，里面有我丈夫、儿子们和小狗的照片，我一一向他作了介绍。

稍后，我们这群博主们连同向导和托普沃一起去了国际至善协会的办公室，

as for me and
MY HOUSE
we will serve
the L O R D
as for me and my
h o u s e
we . will . serve
the Lord
as
for ME and MY HOUSE
we will serve
the L O R D
Joshua 24:15
you're here to be
L I G H T
light bearers
I'm putting you on a light stand
S H I N E
generous
with your life
o t h e r s
open up
G o d

路上他抓住了我的手。我发誓我没有对他做任何可以抓住我的手的暗示，且一直想给他保持自己个性的空间。但是，哦，我的神啊！在办公室里，他抓着我的手坐在我的身边，看着相册里的照片，大约看了23次，一边用手指指着照片，一边问我这是什么，那是什么（路灯、曲棍球球门、我的三个儿子举着托普沃的照片），这时，他举起相册，亲了一下，就在小狗的照片那里。

接下来，几位博主、国际至善协会的工作人员、我和托普沃，一起去托普沃的家拜访他的家人。我很兴奋，因为只有去过一个人的家后，才算真正了解了一个人。

我们花了整整四天的时间走过了城市中尘土飞扬的马路和满是垃圾的小路，看到许多孩子挤在水泥房子中，我们难过地转过脸去，不让他们看到我们眼中的泪水。现在，在托普沃的带领下，我们来了群山脚下一处原始的开阔平原上。

我们快要到托普沃的家时，他的家人和邻居，知道托普沃的资助者要来，男女老少都聚在了一起，欢迎我们。他们非常友好，有礼貌地微笑着跟我握手。

托普沃一家住在一个用动物粪便垒起来的圆形小屋里。在房屋正中干燥的地上有一个火坑，整个屋子除了房顶上的一个洞之外没有一个窗户。屋子里特别黑。里面有两个房间，用粗壮的树枝在里面支撑着整个房子的结构，这些树枝起着柱子的作用，屋顶上覆盖着小树枝和野草。我把手放在一个柱子上，它摸起来非常凉爽，比我想象的要硬得多。

我跪在地板上，把我带来的几个为数不多的有点可笑的礼物送给托普沃的家人。当我站起来时，我牛仔裤膝盖部位沾满了泥，潮乎乎的。他们睡觉的地面原来是湿的。

当我们准备离开时，有人问及托普沃家外面墙上的字的事。在这之前我完全没有注意到墙上还有字。原来，是托普沃写在墙上的。我能认出他的名字和一个数字。我猜他把是把自己家的外墙作为涂鸦之地，写些小孩们喜欢的无害的文字。然而我的推测是错误的。

托普沃在墙上写了《诗篇》第23章的话，然后是他的名字，以及住在这个小泥巴屋里的所有家人的名字。

在托普沃家中，我为他们的房子感到震惊、伤心、内疚和绝望，我努力强撑着自己。我知道，在得到国际至善协会的资助之前，他们一家人在干旱中努力活下来很不容易。但在拜访了那朴实又略显脏乱的房子之后，我并没有为托普沃的居住环境而感到难过。不同于我们以前拜访过的那些家庭，托普沃的家充满着爱、团体精神、欢乐和优雅。他的家比我见到过的我们国家的大部分家庭都要富有。家里充满着满足感，而这正是我想要的。

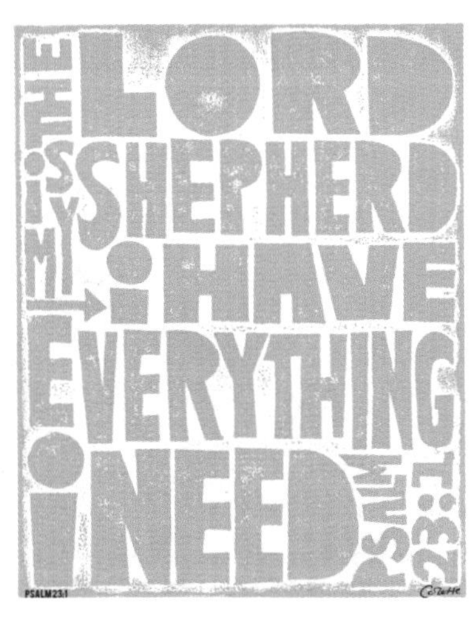

柯莱特创作的原生艺术凸版印刷艺术品

简单地说，就是激动。我受到了一个真正的家的款待。

托普沃知道。他知道哪些东西是我最容易忘掉的。

你不用刻意去等待所谓完美的条件，现在就开始打造属于你的家吧！因为无论你在哪里，你已经拥有了一切所需。

想了解更多关于国际至善协会如何资助儿童的信息，请参阅附录 4。

结语

享受旅程

HENEVERW

家诠释了天堂。
家是家装初学者的天堂。

——查尔斯·亨利·帕克斯特

我并非为了漂亮的家而想拥有一个漂亮的家。家是在外面劳累一天回来休息的地方，也是一个为了外出做我们想做的事而离开的地方。

我渴望创建一个家，所有来这里的人都可以完全放松，无拘无束；所有离开这里的人都更愿意实现他们的使命。毕竟，创建一个美丽的家是一场旅行，而不是终点。能住在一个美丽又有创意的家里是一种特权，它激励着我们，从而我们也能激励着他人以他们独特的方式去创建他们自己的家。

所以，行动起来吧！把你的家打造成一个舒适、充满欢乐的地方。家使我们成长。正是家使我们身上具备了造物主赋予我们的品质。

麦奎琳、查德夫妇和他们的三个儿子：兰迪斯、凯德蒙、加文，还有小狗杰克。

致　谢

我永远感激在我生活和写书期间，多年来一直支持我的人。

母亲，她让我布置精美的芭比之家，没有要求我必须每晚把东西整理起来。父亲，一直以来都是个乐天派，认为我的书几年前就该写完的。还有我的亲家，一直以来都非常支持我。

艾米丽，我聪明、幽默、漂亮的小妹，是个比我还棒的作家。

卡罗琳、安琪拉、嘉利、里夫、格丽塔、卡蒂和玛丽亚，她们构成了一个出色的不完美主义者团体，她们的友谊是人人都梦寐以求的。

埃伦、特雷西、麦琪和海莉，我无私慷慨的贴心闺蜜。

勇敢的作家们，尤其是莉莎，她是第一个发现书中缺陷的人，还有安，她的意见宗德文可是听取了不少。我爱这种姐妹情谊。

当我在电脑前忙碌了一天，没有去参加我们的社区活动之时，阿什利、安迪、查德、莎拉、凯莱布和伊莱恩他们也完全能够谅解我。

巢居博客之所在社区。我对你们的友谊之礼感到震惊和惊讶。你们与我志趣相投，但在发现这种叫博客的东西以前，我从来不知道你们的存在。我非常爱你们。谢谢你们对匿名网友的信任。

装饰主角，一群 DIY 博主，他们宽厚仁慈，一如既往地给我支持。谢谢你们听我发牢骚，还总是给我很多建议。

我的小学美术老师巴恩霍斯特太太，现在我知道为什么你总是到最后才告诉我们，我们在做什么，你是希望我们能享受制作的过程。

来自 Maxie B（北卡罗来纳州格林斯博罗当地的一家甜品屋——译者注）的罗宾，谢谢你多年前给我机会。

博妮塔，你看透了我的思想，整理了我的思路。伊莱恩、卡罗琳和安琪拉，感谢你们一遍遍从头到尾阅读我的书稿。

埃丝特，如果不是你一直督促我，我不可能完成此书。谢谢你。

卡罗琳，一名编辑，是我天使一般的朋友。

桑德凡（Zondervan）出版社善良的朋友，感谢你们冒着风险，看到了不完美中的美好。

琳赛，你的艺术才能感染了我。谢谢你设计的美丽封面。

兰迪斯、凯德蒙和加文，你们知道我有多喜欢做你们的妈妈吗？谢谢你们在我每次搬动家具时从不埋怨我。

查德，你最会鼓舞人，且从不回避困难。你打扫厕所，洗刷碗碟，在我整个创作过程中，你聚精会神地倾听我的各种想法。你对我太好了。

附录 1

灵活且无约束的房间装饰秘诀

经常有人问我，我是如何装饰我们家的房间的。对于要不要把我布置房间的具体步骤一步一步地写出来，我一直犹豫不决，因为我讨厌规则。但是我归纳出一些步骤，这些步骤是我在布置我们家里的大部分房间时用过的。请选用那些对你有用的，剩下的可以忽略掉。

· 放弃完美。

· 首先想好房间的真正用途。要决定你打算让人们在房间里感受到什么。

· 拥抱风险。记住，什么都不做也是一种风险，或许是最大的风险。

· 认识到每家都有一线希望，接受你所拥有的东西。

· 确定家庭现有的功能、饰品及其内涵之美。

· 从你喜欢的房子的主人那里听取建议。

· 一次只关注一个房间，并且清理一下这个空间。

· 准备好你的画布（移除不必要的物品，粉刷墙壁）。

· 找一个更大的地毯，利用地毯来设置房间的个性。

· 进行大改造、DIY、砍价、节约、庭院旧货出售、四处搬动东西、货物交换，且要成为一个精明的买家来填补空间。

· 不要害怕花钱，但不要以为任何东西都须买最贵的。不要事事都要花钱，有些钱花得不值。

· 尽量多照明。多数房间可装一盏以上的灯。

· 多利用你家的窗户或购买现成的窗帘，除非你喜欢定制的窗帘。

· 用具有内涵之美的东西装饰你家的墙壁，比如做一面充满回忆的照片墙。

· 买盆绿植。如果养死了，也不要紧，另买一盆绿植，直到找到一种在你家能存活下来的绿植。

·考虑独具特色的饰件。

·将饰品散布在几个相对的墙面。

·感觉空间太刻板的话，就加入一些新奇的元素，前提是这么做你会很高兴。

·居住并享受你的空间。有什么东西断掉或者被划时，请不要烦躁，因为这才是真正生活的标志。是的，你这么做就对了。

·欢迎你的朋友来家里做客，无须感到不安。

·让你身边围绕着不完美的人和事。

·不要把自己的房间看成你讨厌的房间。这就是一个你喜欢房间，只是尚未布置好。

附录 2

不完美主义者宣言

我们要相信，家应是世上最安全的地方。

我们要相信，除了看起来要美观之外，家还有更重要的功能。

我们要相信，真实胜过完美。

我们要相信，家里会有不搭调的床单和未整理的床铺。

我们要相信，家里的物品是用来为我们服务的，而非让我们服务于它们。

我们要相信，美观的抱枕和狗狗都应在沙发上。

我们要相信，玩具、作业、脏鞋子以及洒了的牛奶是生活的象征。

我们要相信，现在就使用优质物品，而非等待未来。

我们要相信，手工制作。

我们要相信，满足不是来自于物品，而是来自于感恩之情。

我们要相信，与其推迟家装，不如漂亮地完成家装。

我们要相信，我们所有人都可以拥有创意。

我们要相信，美丽不一定非要完美。

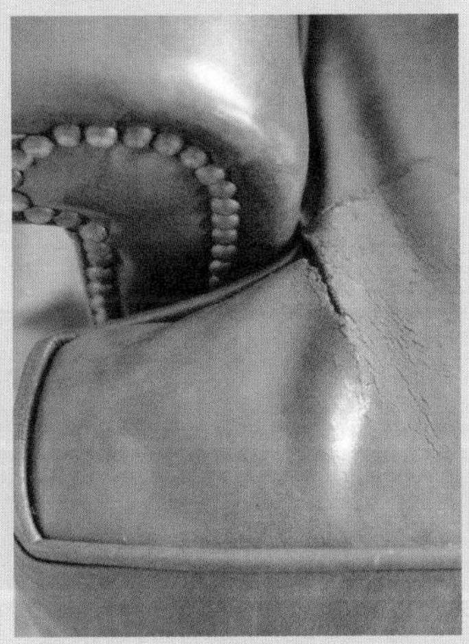

附录 3

邀请函

现在邀请你加入我和“巢居”网站的（网址：http：//www.thenester.com）非完美主义者日常生活美丽社区。在这里，没人会嘲笑你犯错，我们都喜欢冒险，谈论家庭布置，同时也不必太当真。在这里，你会发现适于自己家的简单易行的家装理念，这些理念几年都不会过时，且只需作简单的改变，这些改变任何人（甚至讨厌做针线活的人）都可以做到。既然你知道自己的目标不是达到完美，那么你会更喜欢那些自己动手的家装项目。

以下是一些你可能想登陆并浏览的其他具有启发性和创意性的家居博客网址。

http://allthingsthrifty.com
http://www.ana-white.com
http://www.beneathmyheart.com
http://www.buttonbirddesigns.com
http://www.centsationalgirl.com
http://creativehomebody.com
http://decorchick.com
http://diyshowoff.com
http://emilyaclark.blogspot.com
http://www.funkyjunkinteriors.net
http://thehandmadehome.net
http://www.homestoriesatoz.com
http://www.thehouseofsmiths.com
http://www.huntedinterior.com
http://www.infarrantlycreative.net
http://theinspiredroom.net
http://www.justagirlblog.com
http://knockoffdecor.com
http://theletteredcottage.net
http://www.lifeingraceblog.com
http://www.makelyhome.com
http://missmustardseed.com
http://myblessedlife.net
http://www.thenester.com
http://wwwnotjustahousewife.net
http://www.perfectlyimperfectblog.com
http://prettyhandygirl.com
http://www.remodelaholic.com
http://roadkillrescue.net
http://www.sawdustgirl.com
http://www.theshabbycreekcottage.com
http://shabbynest.blogspot.com
http://www.songbirdblog.com
http://southernhospitalityblog.com
http://tatertosandjello.com
http://www.thriftydecorchick.blogspot.com
http://www.vintagerevivals.com
http://www.younghouselove.com

附录 4

国际至善协会

每个月拿出大约一顿饭的花费（或者，假如你是我的话，拿出一盏灯的花费），你就可以帮助一个孩子改变命运。国际至善协会的使命就是以耶稣之名解救贫困中的儿童。正是由于有像你和我这样愿意略尽绵薄之力来帮助儿童的人，这一切才成为可能。对儿童的赞助可以改变他们全家人的命运，我已经亲自见证了赞助带来的好处，这是我花钱花得最值的地方。

想要了解更多关于我和国际至善协会在坦桑尼亚的故事，以及更多关于国际至善协会财务状况及其所改变的人们的命运，请访问 http：//www.compassion.com 或者扫描下方二维码。

图书在版编目（CIP）数据

巢居：打造美好家居生活不必苛求完美 / （美）麦奎琳·史密斯著；王敬群，吴桂金，高行健译. — 济南：山东画报出版社，2018.1
ISBN 978-7-5474-2482-7

Ⅰ.①巢… Ⅱ.①麦… ②王… ③吴… ④高… Ⅲ.①住宅 - 室内装饰设计 Ⅳ. ①TU241

中国版本图书馆CIP数据核字（2017）第157930号

书　　名　巢居：打造美好家居生活不必苛求完美
　　　　　CHAO JU: DAZAO MEIHAO JIAJU SHENGHUO BUBI KEQIU WANMEI
责任编辑　郭珊珊
装帧设计　王　钧
主管部门　山东出版传媒股份有限公司
出版发行　山东画报出版社
　　　　　社　　址　济南市胜利大街39号　邮编 250001
　　　　　电　　话　总编室（0531）82098470
　　　　　　　　　　市场部（0531）82098479　82098476（传真）
　　　　　网　　址　http://www.hbcbs.com.cn
　　　　　电子信箱　hbcb@sdpress.com.cn
印　　刷　山东临沂新华印刷物流集团
规　　格　160 毫米 × 230 毫米
　　　　　12.5 印张　187 幅图　180 千字
版　　次　2018 年 1 月第 1 版
印　　次　2018 年 1 月第 1 次印刷
印　　数　1-4000
定　　价　42.00 元

如有印装质量问题，请与出版社资料室联系调换。
建议图书分类：家居 / 家装策略